AF391681

Cerveau, psyché et développement

Sous la direction de
Colette Chiland
Jean-Philippe Raynaud

Cerveau, psyché et développement

Sommaire[1]

---

1. Sept des douze chapitres de ce livre, indiqués par un astérisque, ont été écrits en anglais et ont été traduits en français par Colette Chiland et Jean-Philippe Raynaud.

Préambule

Colette Chiland
et Jean-Philippe Raynaud

Ce texte est destiné à vous mettre en appétit et à vous donner envie de dévorer ce livre. Son fil rouge, comme celui du Congrès[1] dont il reprend quelques conférences, est une interrogation sur les conditions de la scientificité en psychiatrie. Les avancées étonnantes des neurosciences ces toutes dernières décennies ont modifié la pensée dans notre domaine. Mais la tentation est grande chez certains neuroscientifiques de réduire le psychologique au neuronal et chez certains psychiatres de se limiter à une « psychiatrie biologique », tandis que d'autres réclament leur droit de pratiquer aussi ce qu'on pourrait appeler une « psychiatrie psychologique », expression pléonastique qui devrait être inutile puisque les psychiatres sont étymologiquement les « médecins de l'âme ».

In medio stat virtus, on ne peut nier l'existence d'une réalité cérébrale, neuronale, on ne peut nier non plus l'existence d'une réalité psychologique dont le caractère

---

1. 20e Congrès mondial de la IACAPAP (International Association for Child and Adolescent Psychiatry and Allied Professions, Association internationale de psychiatrie de l'enfant et de l'adolescent, et des professions associées).

spécifique n'est pas aisé à définir. Toute la difficulté de notre métier est de tenir compte des deux à la fois, sur quoi insiste le chapitre 1 (Colette Chiland). Reconnaître dans la réalité psychologique l'émergence d'un niveau de fonctionnement autre donne un fondement à la psychothérapie ; mais la diversité des psychothérapies contraint à une méta-théorie de la psychothérapie.

Comment le cerveau produit-il de la pensée ? Il n'y a pas de pensée sans cerveau pour un scientifique. Comment la pensée est-elle capable d'agir sur le cerveau ? Ces questions ont cessé d'être purement spéculatives depuis que les neuroscientifiques ont apporté la preuve de la « plasticité neuronale » qui sera constamment évoquée dans ce livre, et en particulier au chapitre 4 (Pierre Magistretti et François Ansermet). Le bébé humain dans sa néoténie ne naît pas avec un « cerveau achevé » ; non seulement les synapses vont se multiplier, mais, contrairement à ce qui fut la doxa jusqu'ici, de nouveaux neurones continuent d'apparaître. Dès lors, le maître mot n'est plus « hérédité » liant linéairement un gène et ses conséquences, mais « épigenèse interactionnelle », interaction entre les gènes, interaction entre l'interne et l'externe dans le développement. Tout n'est pas joué à la naissance, même si certains effets de certaines conditions sont irrémédiables ; pour l'ensemble du développement, les interactions avec le milieu sont décisives, en particulier les interactions précoces. La psychiatrie du nourrisson, née elle aussi ces dernières décennies, peut jouer un rôle préventif et thérapeutique capital, si on lui en donne les moyens. Au chapitre 8, Carol Newnham montre ce qu'on peut faire pour les bébés prématurés.

Daniel Marcelli, au chapitre 5, montre le rôle de l'autre, déjà affirmé au chapitre 4, en premier rang la mère, dans le développement du langage. On sait, depuis la terrible expérience de Frédéric II de Hohenstaufen au XIIIe siècle, qu'un enfant ne parle pas si on ne lui parle pas et va même jusqu'à en mourir ; la parole est un des soins les plus affectueux. Daniel Marcelli décrit de manière très vivante et richement documentée le parcours du *tu* au *il* au *je* en liaison avec le regard et la parole de la mère.

Au chapitre 2, Olayinka Omigbodun montre à quel point l'évolution d'enfants et d'adolescents en difficulté dépend de la qualité « humaine » de l'environnement. Du nourrisson au vieillard, le « souci de l'humain » est un défi pour la psychiatrie[1].

Le souci de l'humain se mesure-t-il ou se constate-t-il à partir des actions entreprises ? Nous retrouvons l'interrogation sur la scientificité. Nous sommes hantés par le modèle des « sciences dures » : ce qui ne se mesure pas, ne se quantifie pas, n'aurait aucune valeur scientifique. Venant d'un pays (le Nigeria) où les ressources de santé mentale sont limitées, formée en Occident et par l'OMS à l'*evidence-based medicine*, Olayinka Omigbodun tout au long de son chapitre dit l'importance de l'EBM tout en revendiquant que, si ses observations n'ont pas été établies selon tous les principes de l'EBM, elles n'en ont pas moins une importance fondamentale.

Nous ressentons la même tristesse poignante qu'elle devant la manière dont on traite les enfants dans une institution de protection judiciaire de la jeunesse et devant son impuissance à lutter contre « l'État » : ce ne sont pas les preuves scientifiques qui font défaut, mais, ce qui fait le malheur des enfants, ce sont la distance entre la bureaucratie et la vie et l'endurcissement des cœurs. Dans ce

---

1. Chiland Colette, Bonnet Clément, Braconnier Alain (éd.) (2010), *Le Souci de l'humain. Un défi pour la psychiatrie*, Toulouse, Érès.

chapitre 2 parle le cœur d'une femme, d'une mère chaleureuse, d'une Africaine que nous avons entendue chanter et vue danser l'amour de son pays. Nous aurions aimé qu'elle dispose d'un autre chapitre pour pouvoir donner plus de détails sur l'itinéraire des personnes dont elle parle.

Comment des enfants, avec les mêmes facteurs de risque et une similitude clinique au départ ont-ils été adressés les uns à un établissement de protection judiciaire de la jeunesse de l'État, les autres à SOS Villages d'enfants, une ONG ? L'évolution dramatiquement différente des enfants dans ces deux institutions résulte-t-elle uniquement de l'organisation de la vie des enfants ? L'indication de l'institution a-t-elle résulté du hasard d'une décision administrative ou y a-t-il eu un tri et à partir de quelles considérations ? Est-ce une chance due à l'intervention d'une personne bienveillante ?

Olayinka Omigbodun nous raconte aussi l'histoire de deux jumelles : elles ont tout partagé jusqu'à l'âge de 25 ans, et ensuite eu des destins totalement différents ; Olayinka évoque beaucoup de facteurs possibles pour l'expliquer. Selon la tradition, on a appelé la première-née Taiwo, ce qui veut dire « la première à goûter le monde », tandis que l'autre fut appelée Kehinde, ce qui veut dire « la dernière à venir » ; le lecteur est frappé de tout ce que cela peut entraîner chez elles d'être ainsi dénommées, et pour l'entourage de les nommer ainsi ; la première « à goûter le monde » réussit à le « goûter vraiment », à se faire une vie bonne malgré l'adversité et l'autre n'y réussit pas. Il faudrait avoir longuement dialogué avec les jumelles et l'entourage pour savoir si cela a joué un rôle.

Mais, de toute façon, ce à quoi nous sommes constamment confrontés en psychiatrie de l'enfant, c'est que « la maladie de l'enfant appartient à l'enfant », comme le dit

Winnicott. *Ce que l'enfant fait de ce qu'on lui a fait est imprévisible.* En fait, les statistiques, qui sont nécessaires, écrasent les différences individuelles ; elles ne nous parlent pas d'un sujet vivant avec son itinéraire singulier ; c'est pourquoi les monographies, les études de cas, sont elles aussi nécessaires, elles ne peuvent rien prouver, mais éveillent notre capacité de comprendre.

En tant que psychiatres du XXIe siècle, nous voulons tous nous appuyer sur un savoir rationnel, scientifique, sur des « faits prouvés ». Mais tout ne se laisse pas prouver de la même manière. On parle beaucoup d'*evidence-based medicine*, médecine fondée sur des faits prouvés, et *EBM* est devenu le shibboleth de l'appartenance à la communauté scientifique. Le chapitre 3, écrit par Bruno Falissard qui maîtrise les mathématiques autant que la psychiatrie, met les choses au point d'une manière claire avec une pensée personnelle.

> La thèse défendue dans ce chapitre est que si l'EBM est incontestablement une approche intéressante pour faire évoluer positivement les pratiques médicales, l'EBM ne peut cependant pas prétendre représenter *l'étalon or* de la connaissance médicale. Elle est finalement un outil parmi d'autres, et ne devrait pas être considérée comme un Graal et *a fortiori* pas comme un totem. Nous verrons notamment que l'essai randomisé, pierre de touche de l'EBM, n'a pas la pureté méthodologique qu'on lui prête souvent.

Ce chapitre court est un apport décisif par les informations sur l'histoire de l'EBM et une réflexion qu'on n'a pas souvent le bonheur de rencontrer.

Dans le chapitre 4, Pierre Magistretti et François Ansermet nous proposent une vision différente et très argumentée sur la plasticité cérébrale et son rapport à la fois avec ce qu'il y a de plus permanent et ce qu'il y a de plus discontinu dans le développement et le devenir humains. Ils nous montrent comment la plasticité n'est pas le phénomène déterministe marqué par une continuité entre l'expérience et ses effets, que l'on pourrait imaginer. Les données récentes des neurosciences montrent que, contrairement à la vision classique du déterminisme et de la causalité linéaire, la plasticité peut aussi générer de l'unique et du singulier, en laissant la porte ouverte à la discontinuité, au changement, à l'imprévu, à une certaine prise de distance avec les expériences passées. C'est dans cet « espace de non-détermination » qui est laissé au sujet que l'inconscient pourrait venir se loger et contribuer à la part d'autodétermination de l'être humain.

Dans le chapitre 6, Manuela Piazza montre comment le cerveau a façonné la culture, qui à son tour façonne le cerveau. Ainsi, on ne peut pas réduire la pensée au neuronal. L'évolution biologique a permis le développement de certaines zones cérébrales chez *Homo sapiens*, celles qui sont utilisées dans la transmission culturelle du langage écrit, mais ces zones se développeront d'autant mieux qu'on les fera fonctionner. Et le capital culturel est désormais enrichi par l'écrit, qui est conservé et transmis par un autre support que les neurones, déposé à l'extérieur du cerveau, mais récupérable dans sa signification seulement par des cerveaux humains.

Kenneth Zucker, psychologue (Head, Child and Adolescent Gender Identity Clinic), dirige l'unité la plus importante qui existe pour l'étude de l'identité de genre de l'enfant et de l'adolescent. Il est le spécialiste qui a vu le plus grand nombre d'enfants et a lu et emmagasiné la plus grande partie de la littérature (malheureusement pour les Français, il ne lit pas notre langue). Son exposé (chapitre 7) s'appuie sur des faits cliniques et des méta-analyses et donne beaucoup à penser sur des sujets brûlants de l'actualité. Mais il se garde bien de « surinterpréter les données » et livre une conclusion mesurée et pertinente : « En résumé, le clinicien contemporain qui travaille avec des enfants ayant un GID peut considérer que la persistance de la dysphorie de genre à long terme est loin d'être inévitable, au moins si l'on s'appuie sur les études de suivi publiées à ce jour. » Il distingue clairement l'*identité sexuelle* « qui se réfère à la manière dont une personne étiquette elle-même son orientation » et l'*identité de genre* ou *identité sexuée*, alors que ce qu'on appelle en France la « théorie du genre » les confond à plaisir. Parce que les enfants avec GID deviennent fréquemment des homosexuels à l'âge adulte et plus rarement persistent dans leur dysphorie de genre, on veut faire de l'aide qu'on apporte aux enfants dysphoriques une manœuvre homophobe. « Les variations dans les approches thérapeutiques sont intimement liées aux hypothèses philosophiques et théoriques sur la nature des GID : d'un côté, des approches essentialistes, par exemple, suggèrent que la dysphorie de genre est une partie fixée et inaltérable du sentiment de soi de l'enfant ; de l'autre côté, d'autres modèles suggèrent que la dysphorie de genre ne peut être comprise que dans une formulation multifactorielle, biopsychosociale, qui laisse la porte ouverte à des approches thérapeutiques ayant le potentiel d'influencer la trajectoire du développement sans les complexités d'un traitement hormonal et de la chirurgie de réassignation du sexe. Nous avons un besoin urgent d'études de suivi qui non seulement examinent les effets des différentes approches thérapeutiques sur la différenciation psychosexuelle à long terme, mais encore sur l'adaptation psychosociale en évaluant la qualité de vie en général. »

Au chapitre 8, Carol Newnham aborde la question des applications des données des neurosciences concernant la plasticité cérébrale en clinique du développement. Elle nous convainc que les premières preuves de l'intérêt de ces interventions sont bien là, en nous proposant un tour d'horizon des travaux chez l'animal, mais aussi chez l'humain : stress pendant la grossesse, enfants placés en orphelinat ou victimes de maltraitance, effets de l'environnement sur les grands prématurés, amélioration du stress et de la douleur chez les bébés grâce aux soins parentaux... Cela ouvre des perspectives majeures pour le développement d'actions de prévention et de soins s'appuyant sur les parents, et marque aussi le grand retour de l'environnement comme facteur d'amélioration ou d'aggravation des troubles, avec des questions éthiques importantes.

Le problème des enfants « surdoués » passionne le grand public sous l'angle de l'éducation à leur donner. Sylvie Tordjman et son équipe l'abordent au chapitre 9 sous l'angle diagnostique et thérapeutique. On pourrait s'étonner que des psychiatres d'enfants doivent s'occuper d'enfants particulièrement intelligents. Comment une « excellence » peut-elle devenir source de souffrances et de difficultés ?

Les auteurs commencent par une discussion terminologique. Comment nommer ces enfants ? En français, nous avons apparemment une pléthore de termes pour les désigner, ce qui ne semble pas exister en anglais. Ce que nous appelons « surdoué », avec un préfixe « sur- », qui a l'air de marquer un excès de dons, se dit en anglais simplement par l'adjonction d'un adverbe : « *highly gifted* », hautement doué. Les auteurs ont donc choisi de parler d'enfants à « haut potentiel » (EHP). Au début du développement, ce potentiel fait apparaître l'enfant comme « précoce », mais ce terme n'a pas de sens à l'âge adulte. Il ne s'agit que d'un potentiel, qui, pour se réaliser, a besoin de conditions favorables.

La définition adoptée par l'OMS est purement psychométrique : QI égal ou supérieur à 130. Les auteurs discutent avec pertinence de l'interprétation à donner aux tests dits de QI. Il ne s'agit pas de comparaison avec un « mètre étalon » invariable. Ils préfèrent donner les chiffres avec l'intervalle de confiance (6 points en plus ou en moins aux échelles de Wechsler). Et surtout, il faut étudier le profil cognitif et élargir le bilan. Si on se base sur la distribution gaussienne des échelles de Wechsler, le nombre des enfants à haut potentiel est élevé : 2,3 % des enfants, soit, en France où il naît environ 800 000 enfants par an, 18 400 EHP (enfant à haut potentiel) par année d'âge et, comme le disent les auteurs, environ 200 000 enfants pour l'ensemble de la scolarité obligatoire (6 à 16 ans en France). En outre, des talents variés et la créativité peuvent aussi être pris en considération.

Les auteurs travaillent essentiellement dans la perspective du diagnostic et du traitement d'EHP en difficulté. Ils laissent de côté le problème de la prévention des difficultés chez ces enfants et la question d'une pédagogie spéciale à leur apporter sur laquelle on peut avoir des réticences. Un EHP peut passer inaperçu de deux manières opposées : parce qu'on n'imagine pas que le haut potentiel puisse s'accompagner d'un échec scolaire ou parce que tout va bien chez un enfant qu'on sait intelligent, mais qu'on ne survalorise pas, qu'on ne pousse pas outrancièrement et qu'on laisse vivre son enfance dans des activités diverses.

Les auteurs parlent ici plus prudemment d'une étude épidémiologique pour avoir des données autres que celles qui découlent par exemple des travaux de Terman. Ils donnent une idée des signes d'appel qui permettent chez un enfant en difficulté de penser à un EHP : langage précoce et riche, apprentissage spontané et précoce de la lecture (avant 5 ans), grande appétence pour les livres sans forçage familial, curiosité intellectuelle et questionnements existentiels ; mais aussi bonne réponse donnée sans pouvoir expliquer la démarche suivie et ennui pour les apprentissages scolaires. La psychopathologie peut être émotionnelle (anxiété avec troubles du sommeil, dépression, estime de soi dégradée), ou comportementale (déficit de l'attention, hyperactivité, opposition, troubles des conduites).

Les auteurs ne parlent pas d'une autre catégorie d'enfants, qui ne sont pas simplement meilleurs que les autres, mais qui fonctionnent dans un autre registre : les enfants prodiges. Ainsi, lors d'une table ronde consacrée à ce sujet, au meeting annuel de l'American Academy of Child and Adolescent Psychiatry à San Francisco en 1983, James Anthony nous présenta le cas d'un enfant qu'il venait d'examiner. Cet enfant parlait l'anglais couramment à 6 mois, avait appris plusieurs langues à 2 ans, dont l'hébreu ; ensuite il se montra également remarquable en mathématiques et en musique ; nous avons pu entendre un enregistrement d'une partition écrite à l'âge de 8 ans. Il n'était pas psychotique et la question qui passionnait James Anthony était : « Comment est-ce possible ? » Quant à la mère, son problème était de trouver des lieux de vie où il puisse rencontrer d'autres jeunes ; il n'y eut qu'un club sportif où la communication était d'égal à égal avec d'autres enfants de son âge...

Marie Rose Moro reprend au chapitre 10 le problème évoqué par Olayinka Omigbodun des enfants de migrants et des difficultés liées à leur situation transculturelle. Les mauvais résultats scolaires sont fréquents. Si les enfants sont de niveau intellectuel médiocre, la situation transculturelle aggrave leurs difficultés scolaires. Marie Rose Moro montre que les enfants de migrants sont très dépendants de leur relation affective à l'enseignant. On le croit d'autant plus volontiers que cette dépendance affective à l'égard de l'enseignant existe chez tous les élèves. On attribue aux parents un non-investissement de l'école, alors qu'il s'agit souvent d'une *bienveillance passive* ; cet espace n'appartient pas aux parents, mais est bon pour l'enfant, pensent les parents qui toutefois ne peuvent pas guider l'enfant. Il faut noter que, si la qualité d'apprentissage de la langue parlée par les parents est bonne, l'apprentissage de la langue seconde de l'école sera meilleur.

Nous avons affaire à des enfants vulnérables et cette vulnérabilité apparaît encore à l'adolescence. La mère n'est pas entourée comme dans sa culture d'origine pour « présenter le monde à l'enfant ». Puis, quand l'enfant quitte le monde familial, il ressent souvent le dehors comme « excluant » ; il n'est pas prêt à s'inscrire dans les logiques du pays d'accueil. Certains enfants vivent ce moment comme un choix nécessaire, mais impossible entre deux mondes ; bientôt, ils vont en savoir plus que leurs parents sur la culture du pays d'accueil dans une *inversion des générations* qui ne leur est pas profitable. La structuration de leur « Je » est complexe, devant intégrer deux cultures ; au lieu d'être « complémentaires », ces deux structures sont clivées l'une de l'autre. Le clivage des objets culturels peut entraîner un clivage du moi, avec déni de filiation : si l'enfant s'acculture trop bien, il apparaît comme un étranger aux yeux des siens. Marie Rose les compare aux « *enfants exposés* » dans l'Antiquité qui vont périr ou devenir des figures mythiques. Le succès du « métissage » dépend de la qualité du milieu familial, de la qualité du milieu d'accueil, des capacités et de l'estime de soi de l'enfant.

Le lecteur fera dialoguer Daniel Fung (chapitre 11) et Myron Belfer (chapitre 12) : Fung propose une psychiatrie sans psychiatre, celle même que redoute Belfer.

Daniel Fung et son équipe ont une approche à la fois pragmatique et inventive des besoins de soins en pédopsychiatrie. À Singapour, comme partout dans le monde, les psychiatres et les professionnels qualifiés en psychiatrie de l'enfant et de l'adolescent sont en nombre insuffisant. Fung nous montre comment est en train de se développer un programme national qui s'appuie sur des délégations de compétences et sur les nouvelles technologies. Une sorte de réseau par territoires a été constitué, s'appuyant sur le milieu scolaire et la communauté pour repérer et commencer à soutenir les enfants qui présentent certaines difficultés. Des outils d'information, de formation et de soutien sont mis à la disposition de ces acteurs de première ligne, mais aussi des parents et des enfants, utilisant largement les nouveaux supports actuels : Internet et jeux vidéo sous la forme de *serious games*. Pour ces auteurs, on n'en est qu'au début du développement des nouvelles technologies en psychiatrie de l'enfant et de l'adolescent. Ils montrent comment des versions numériques de thérapies cognitives et comportementales apportent, dans certaines situations, des résultats comparables aux mêmes thérapies menées en face à face. Cette approche peut susciter des réticences, car elle rompt avec la traditionnelle relation interpersonnelle dans le soin psychique. Mais elle ouvre des pistes tout à fait défendables sur le plan éthique et des perspectives pour résoudre le problème des listes d'attente dans les dispositifs de diagnostic et de soins en psychiatrie de l'enfant et de l'adolescent.

Le chapitre 12 survole l'évolution de la psychiatrie de l'enfant et de l'adolescent depuis son émergence comme discipline autonome (la première chaire de psychiatrie de l'enfant et de l'adolescent fut créée en 1948 à la Washington University, à Saint Louis dans le Missouri aux États-Unis, et occupée par E. James Anthony, un des présidents d'honneur de la IACAPAP, comme le rappelle Daniel Fung au chapitre 11) et nous alerte sur le danger qui la menace. Myron Belfer dit l'importance de la référence à la psychopathologie psychanalytique dans le développement de cette discipline, contrastant avec une désaffection actuelle. Il fait jouer un grand rôle dans cette évolution à l'opposition entre psychiatrie d'inspiration psychanalytique et psychiatrie communautaire. Cette analyse ne vaut pas pour la France comme pour les États-Unis : en France, d'une part les instituts de formation des psychanalystes n'ont jamais fait partie des universités ; d'autre part, certains des hauts lieux de la psychiatrie de l'enfant et de l'adolescent combinaient approche psychanalytique et travail dans la communauté ; ainsi le centre Alfred-Binet, département de psychiatrie de l'enfant et de l'adolescent de l'Association de santé mentale du XIIIe arrondissement de Paris fondée par Philippe Paumelle en 1958, fut créé, avec René Diatkine, par Serge Lebovici qui fut président de l'Association psychanalytique internationale, et a été en même temps le lieu de l'expérience pilote de la psychiatrie de secteur. La mutation qu'a connue la psychiatrie de l'adulte à partir des années 1950 fut le produit combiné de la découverte des premiers neuroleptiques et de l'apport de la psychanalyse et de la psychothérapie institutionnelle qui attirèrent l'attention sur l'histoire et le réseau relationnel de la personne malade. Il ne faut pas jeter le bébé avec l'eau du bain, il peut y avoir une étude critique de l'approche psychanalytique, sans détruire l'importance de la prise en considération de l'histoire de l'individu, de la relation avec le patient, de l'écoute de sa parole. La formation nécessaire, le temps passé avec le patient coûtent cher. Mais ni la recherche ni le travail clinique dans le champ du développement psychique et de la pathologie mentale ne conserveraient leur qualité et leur valeur humaine si l'on substituait au psychiatre d'enfants des auxiliaires appliquant des méthodes de routine.

Tout au long du livre, les auteurs, même s'ils ne sont pas psychanalystes, ne se livrent pas à des attaques passionnelles contre Freud. *Nolens volens*, ils sont imprégnés de ce que Freud a apporté en insistant sur l'*épaisseur* du psychisme humain, sur l'*infantilisme* c'est-à-dire la trace du passé, la survie en chacun de l'enfant qu'il a été, sur l'histoire et le réseau relationnel qui font l'itinéraire individuel conduisant à la santé ou à la maladie.

Le lecteur sera sensible tout au long de l'ouvrage aux différences entre les cultures dans leur approche de la santé mentale même lorsqu'elles se réfèrent à la même psychiatrie, c'est-à-dire la psychiatrie occidentale qui se veut rationnelle, scientifique. C'est bien évident quand on compare les ressources disponibles dans les parties du monde émergentes et les parties plus riches. Mais, même à niveau économique équivalent, la langue utilisée avec les connotations différentes des mots clés (chapitre 1), les classifications des troubles mentaux auxquelles on se réfère, l'organisation de la formation, les traditions culturelles entraînent des différences importantes dans les approches psychopathologiques et thérapeutiques. Le dialogue lors des rencontres internationales et le rassemblement de points de vue divers dans un livre comme celui-ci nous enrichit et nous permet d'échapper aux dangers de la pensée unique.

Curieusement, dans notre monde contemporain, les références à Spinoza se multiplient. Il est un philosophe bien différent des autres, mais tout de même un philosophe... Des neuroscientifiques antithétiques, tels Jean-Pierre Changeux, réductionniste, et Antonio Damasio, qui défend l'irréductibilité du psychique au neuronal, se réfèrent l'un et l'autre à Spinoza. Comment est-ce possible ? Spinoza voit dans le corps et la pensée deux *modes* de l'être, un même phénomène vu sous deux perspectives ; c'est peut-être le trait d'union entre les deux neuroscientifiques nommés. On échappe ainsi au dualisme cartésien, sans nier aucun des deux aspects de la réalité. Il y a concomitance, indissociabilité entre réalité neuronale et réalité psychique ; Spinoza parle de parallélisme, mais il n'y a pas isomorphisme, et la difficulté demeure de comprendre comment deux réalités obéissant à des règles de fonctionnement, d'enchaînement, de syntaxe différentes peuvent interagir l'une sur l'autre.

Force est de faire, pour sa sagesse, une place à part à Spinoza qui conclut l'*Éthique démontrée de manière géométrique* par : « La béatitude n'est pas la récompense de la vertu, mais la vertu elle-même. » Les auteurs de ce livre n'ont pas à attendre une récompense financière ou un nombre élevé de « citations », mais, il faut l'espérer, lecteurs et auteurs tireront « un plaisir de fonctionnement mental » à avoir réfléchi ensemble.

Chapitre 1

Cerveau, psyché et développement : une introduction

Colette Chiland

Le thème de ce congrès n'est pas un problème récent. Les relations du cerveau et de l'esprit ou psyché ont toujours interrogé les êtres humains. Les réponses données ont été philosophiques et religieuses avant de tenter d'être scientifiques. La perspective du développement ne date guère que du XIXe siècle aussi bien pour l'ontogenèse que pour la phylogenèse ; on sort des vérités intemporelles et éternelles pour faire place à la dimension du devenir. Les apports importants des neurosciences au cours des dernières décennies renouvellent le problème et se situent tous dans une ligne darwinienne.

Ce livre n'est pas un ouvrage de neurosciences. Nous travaillons dans le champ de la psychiatrie et nous sommes intéressés par les conséquences des apports des neurosciences pour notre travail de cliniciens. C'est donc une réflexion épistémologique que je vais ébaucher. Peut-on réduire le psychologique au neuronal, ce qui est une tentation pour certains neuroscientifiques ? Reconnaître dans la réalité psychologique l'émergence d'un niveau de fonctionnement autre donne un fondement à la psychothérapie ; mais la diversité des psychothérapies contraint à une méta-théorie de la psychothérapie.

Avant d'aborder ces deux réflexions centrales, je vais donner un aperçu de l'importance des mots et de la répercussion de la langue qu'on parle sur la pensée psychiatrique.

Importance des mots

Un bref commentaire sur les mots employés dans les deux langues de la IACAPAP, l'anglais et le français. À travers les connotations des mots, on voit poindre les différences culturelles. Nous avons écrit dans le titre de ce livre « *mind* » en anglais et « psyché » en français. « *Mind* » et « mental » mettent l'accent sur l'intellect, « psyché » et « psychologique » incluent de manière plus évidente les affects (sentiments et émotions). « Psychique » équivaut en français à « psychologique », mais « *psychic* » en anglais renvoie au « paranormal », à la « parapsychologie », au « psychédélique ». Pour les auteurs anglais, *mind* n'a pas de connotations autres que « pensées, raison, intellect, conscience, attention ». *Theory of mind* a été traduit par « théorie de l'esprit », et précisément on reproche à la théorie de l'esprit de n'envisager parfois que le point de vue intellectuel de l'autre et non ce qu'il sent. Les liens entre *mind* et *self* (Edelman, 1992 ; Damasio, 2010) sont plus évidents en français entre psyché et soi qu'entre esprit et soi, la psyché, c'est l'ensemble de la vie psychologique, sentiments inclus plus évidemment que dans l'esprit ou le *mind*. « Esprit » a en français des connotations multiples que *mind* n'a pas en anglais ; l'esprit, en tant que pensée et raison, correspond à *mind*, mais il faut quatre autres mots anglais pour traduire tous les sens d'« esprit » : « psyché » élargit le problème du *brain-mind* à celui du psyché-soma, *psyche-soma*, cher à Winnicott et aux « psychosomaticiens ».

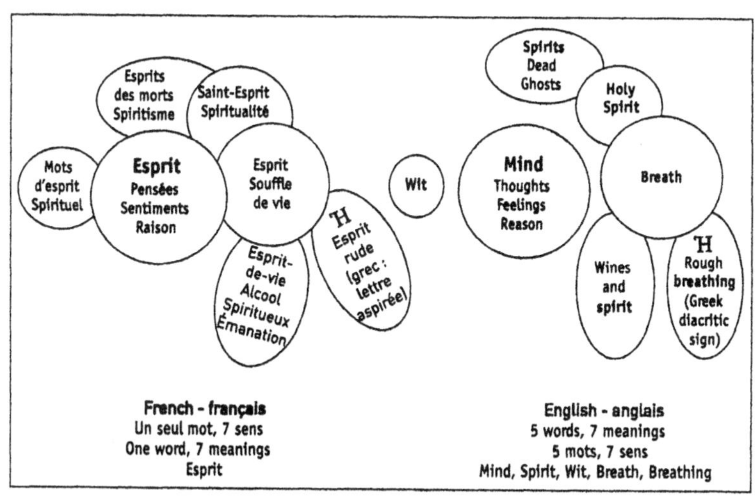

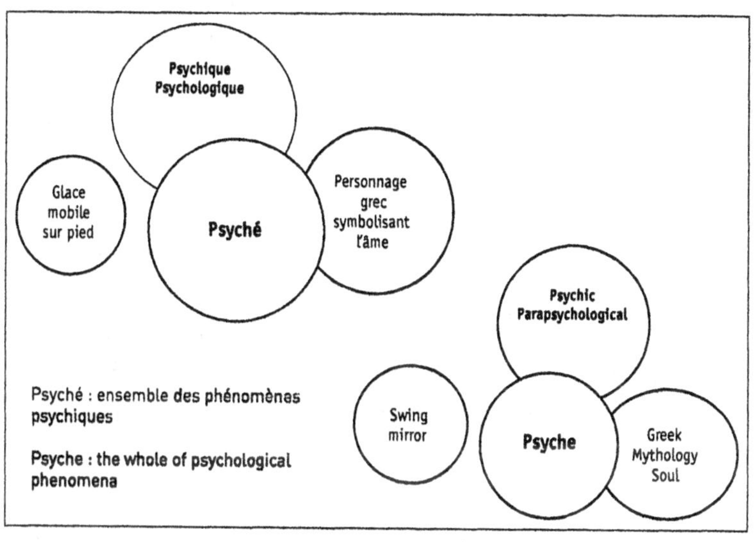

1. *wit*, les « mots d'esprit », faire de l'esprit, être « spirituel » ;
2. *spirit* :
   - *wines and spirits*, les « spiritueux », qui n'ont rien à voir avec le *mind* ou esprit, si ce n'est qu'ils peuvent le troubler ;
   - *Holy Spirit*, le Saint-Esprit, la vie spirituelle, la spiritualité ;
   - les esprits des ancêtres, des morts ;
3. *breath* : rendre l'esprit, le souffle de vie ;
4. *rough breathing* : esprit rude, signe diacritique pour les lettres grecques aspirées.

Un demi-siècle d'évolution

L'importance des mots apparaît encore dans les « maîtres mots » qui dominent une époque, puis disparaissent.

Notre discipline, la psychiatrie en général et la psychiatrie de l'enfant et de l'adolescent, est, comme toute discipline scientifique, en constante évolution. Témoin d'un demi-siècle d'évolution, j'en constate avec plaisir certains aspects tandis que d'autres m'inquiètent. Dans les années 1960, certains d'entre nous, peu nombreux, insistaient sur le caractère non linéaire de l'action des gènes et sur la nécessité de tenir compte de l'interaction des gènes et de l'environnement ; ils étaient souvent de formation psychanalytique, dans la continuité de l'« équation étiologique » de Freud (Chiland, 1990, p. 121-129) : ce qui se produit est la somme de l'héréditaire et de l'événementiel ; là où il y a peu de l'un, il faut beaucoup de l'autre pour un même résultat. Aujourd'hui, le rôle des interactions entre les gènes et l'environnement, aussi bien génomique que social, l'« épigenèse », a pris le devant de la scène. Les maîtres mots sont devenus épigenèse, plasticité neuronale, interactions (précoces, fantasmatiques et non pas seulement comportementales), empathie, relation.

En ce temps-là, on invoquait souvent le « MBD », *minimal brain damage*, qui, faute de trouver la lésion, devint *minimal brain dysfunction*, avec des *soft signs* mal définis et plus psychologiques que neurologiques. Aujourd'hui, on étudie l'activité cérébrale à l'aide de divers procédés d'imagerie. Si on interroge les collègues, certains, par exemple Jean-Pierre Changeux, croient qu'on arrivera à lire les pensées (et non pas seulement détecter l'activité), tandis que d'autres, tel Antonio Damasio, pensent que ce n'est pas possible : « Les images, qu'elles soient visuelles, auditives ou de quelque sorte qu'on le veuille, ne sont toutefois *directement* accessibles *qu'*au détenteur de l'esprit dans lequel elles apparaissent. Elles sont privées et ne sont pas observables par un tiers » (Damasio, 2010, p. 89). L'enregistrement électroencéphalographique montre que le sujet a rêvé, mais le sujet seul peut faire le récit du rêve.

Les liens entre brain *et* mind

Avant d'être le problème des liens entre le cerveau et la psyché, le problème a été celui des liens entre le corps et la psyché, avec une perspective donnant à l'une plus de « noblesse » qu'à l'autre. *Soma* dans la langue d'Homère est le corps mort, le cadavre ; le corps est mortel et l'âme est immortelle, le monde matériel n'est qu'une ombre du monde des idées (Platon), la matière est opposée à la forme (Aristote). Quand il apparaît que le cerveau joue un rôle prépondérant, se pose le problème de la nature des liens entre le cerveau et l'esprit ou âme. Avec Descartes est affirmé un dualisme de « substances », *res extensa* et *res cogitans*, « *mens aut anima* », qui s'articule au niveau de l'épiphyse, glande pinéale ; l'animal, à qui on ne saurait attribuer une âme, est une machine, l'animal ne pense pas, ne sent pas.

La critique du dualisme des substances entraîne parfois un réductionnisme du psychologique au neuronal. À cet égard, le dialogue entre Jean-Pierre Changeux et Paul Ricœur (1998), *La Nature et la Règle. Ce qui nous fait penser*, est exemplaire : on ne peut gommer la différence entre l'expérience vécue et le cerveau connu. Il n'y a pas de pensée, pas de conscience, pas de sentiment de soi sans cerveau : « Tout passe par le cerveau et rien par l'auréole », disait Julian de Ajuriaguerra. Mais Ricœur s'élève contre l'expression « le cerveau pense », déclare que c'est un « oxymore », unissant deux termes incompatibles. On ne pense pas sans cerveau, mais la pensée est l'émergence d'un niveau d'organisation du réel autre que celui de la matière vivante qu'est le cerveau. « La pensée ne se développe que dans un univers de représentations alors que le cerveau est construit sur une base matérielle. Il y a la même différence entre pensée et cerveau qu'entre un tableau et les pigments qui le constituent. » (Bruno Falissard, communication personnelle).

On s'est moqué du matérialisme de Cabanis (1803), qui a comparé le cerveau sécrétant la pensée à l'estomac digérant les aliments : « Nous concluons, avec la même certitude, que le cerveau digère en quelque sorte les impressions, qu'il fait organiquement la sécrétion de la pensée. » Ce sur quoi Cabanis voulait insister, c'était le rôle central du cerveau dans la pensée, il n'y a pas de pensée sans cerveau. Aujourd'hui dans un langage inspiré par l'informatique, on serait tenté de dire que le cerveau « processe » la pensée.

Mais la comparaison entre le cerveau et l'ordinateur ne va pas loin ; par exemple Gerald Edelman et Giulio Tononi, *Comment la matière devient conscience* (2000, p. 115, 239, 248, 251, 252), insistent sur la complexité extrême du cerveau et son mode de fonctionnement différent de celui de l'ordinateur ; tous deux comportent un *hardware* qui ne peut pas fonctionner sans un *software*, mais *hardware* et *software* ne sont pas de même nature dans les deux cas : les programmes informatiques qu'on entre dans la machine n'en transforment pas la structure tandis que le fonctionnement du cerveau a une certaine action sur la structure (plasticité cérébrale neuronale et surtout synaptique) ; l'ordinateur est construit par l'homme, tandis que le cerveau se développe biologiquement. D'autres différences existent limitant les capacités de l'ordinateur quant à la sémantique, l'intentionnalité, les affects, les interactions.

Il y a des processus neuronaux qui n'aboutissent pas à des processus psychologiques ou mentaux. Il n'y a pas de processus psychologique sans processus neuronal concomitant. Le processus neuronal et le processus psychologique sont simultanés, mais sont-ils parallèles, isomorphes ? La grande question demeure : comment passe-t-on du processus neuronal au processus psychologique, de l'électrique et du biochimique à l'intentionnalité et au sens, de la causalité physico-chimique à la syntaxe du langage, au maniement des systèmes symboliques ? Les processus dans leur aspect psychologique n'ont pas le même déroulement, les mêmes modalités d'observation, les mêmes codes de structuration que dans leur aspect neuronal. Le développement biologique de l'organisme individuel ne suffit pas, il n'y a « pas de psyché sans l'autre », pas de langage sans le véhicule d'une culture.

Le *mind* est enraciné dans le *brain*, n'est pas d'une autre substance ; le *brain* n'est pas accessible au soi, au sujet, mais au tiers savant qui l'observe ; le *mind* n'est accessible qu'au sujet et connu par le tiers à partir de ce que le sujet en communique. Il n'y a pas dualité des substances, mais dualité de ce que Damasio appelle « aspects », c'est-à-dire statuts : le phénoménal qui est vu et connu du dehors, le phénoménologique qui n'apparaît qu'à la conscience, au *self*, au sujet (en laissant de côté la discussion passionnante sur les différentes sortes d'inconscient, voir Lionel

Naccache, *Le Nouvel Inconscient. Freud, Christophe Colomb des neurosciences*, 2006). Le grand problème est l'interaction des deux, en particulier au cours du développement.

Il y a bien peu d'hommes de science pour soutenir un dualisme des substances. Ce semble avoir été le cas de sir John Carew Eccles, prix Nobel en 1963 pour ses travaux sur la synapse ; plus tard (1994), d'une manière assez étonnante, il invente la notion de deux substances, une unité neuronale élémentaire faite d'une touffe de dentrites d'une centaine de cellules, le *dendron*, et une unité mentale élémentaire, le *psychon*, les deux substances communiquant au niveau de l'aire prémotrice, ce qu'il prétend démontrer au moyen d'équations quantiques ; et il est non moins étonnant que Karl Popper, le théoricien de la falsifiabilité comme critère scientifique, se soit associé avec lui (1977)... Sans doute par respect pour le savant qu'il fut, les neuroscientifiques ne partent pas en guerre contre lui et dénoncent son errance sans le nommer ; Edelman écrit : « Le fait de réduire les choses à des champs quantiques, à des particules étranges, ou à des choses de ce genre n'aura pas d'emprise » sur l'évolution des neurosciences (Edelman, 1992, p. 214).

Sur l'autre versant, à partir du monisme substantiel, qui n'est pas un matérialisme simpliste, la tentation est forte chez les neuroscientifiques de tomber dans la réduction du psychologique au cérébral, du *mind* au *brain*.

Damasio, neuroscientifique, ne succombe pas à cette tentation et met au cœur de sa définition du *mind* le soi, le *self*, comme le fait le psychanalyste Winnicott (1958, p. 248), qui en donne cette définition : « continuité d'être de l'être humain individuel », « *the individual human being's continuity of being which constitutes the self* ». La dernière étape du développement du soi est le soi autobiographique, avec l'interaction et la narrativité, dit Damasio, qui rejoint ainsi les psychanalystes : la psychanalyse aboutit à construire un autre récit de sa vie ; Daniel Stern (1985), *Le Monde interpersonnel du nourrisson. Une perspective psychanalytique et développementale*, étudie le développement de la capacité narrative ; et Paul Ricœur (1990) développe la notion d'identité narrative dans *Soi-même comme un autre* : on demeure soi-même, *ipse*, sans être le même, *idem*.

Pour Freud, le système nerveux était à la recherche d'un état vide de toute excitation (principe de Nirvana), sur le modèle d'une afférence qui se décharge en efférence tel qu'il pensait l'arc réflexe médullaire. Aujourd'hui, on ne pense pas le cerveau sur ce modèle, mais comme le lieu d'une constante activité d'un nombre impressionnant de cellules et de synapses, de circuits en jeu. La trace n'est pas inerte, comme le hiéroglyphe écrit dans la pierre, elle est ce que Damasio (2010) appelle une carte ou une image, un circuit qui se déclenche ; et le circuit se déclenche sous l'effet de stimulations les unes directement électriques (influx nerveux) et chimiques (neuromédiateurs), les autres élaborées en souvenirs, sentiments, pensées. On cherchait naguère des traces mnésiques comparables à ce qui est écrit dans la pierre, organisées en strates successives et Freud comparait le travail du psychanalyste à celui de l'archéologue.

Ce qui se passe dans l'esprit d'une personne est communiqué par un moyen psychique qui déclenche un circuit neuronal analogue chez l'autre. L'être humain ne développe toutes ses virtualités que par le truchement d'un autre être humain qui est lui-même le passeur d'une culture. La découverte des neurones miroirs (Rizzolatti et Sinigaglia, 2006), dont le rôle est limité aux gestes moteurs, et surtout l'étude du « circuit de l'empathie » (Jean Decety) permettent de poser la question : est-ce un défaut structural dans l'équipement ou un manque de stimulation des circuits qui entraîne la faillite de l'empathie chez l'autiste ou ses troubles chez le psychopathe ?

La pensée est produite par la matière vivante dans certaines conditions et, à partir du moment où elle est produite, elle ne se réduit pas à de l'électrique ou du chimique, de même que la matière vivante ne se réduit pas à ses composants chimiques. Il y a des plans d'organisation simultanés mais différents : le neuronal et le psychologique.

Pour penser le problème de l'articulation du neuronal avec le psychologique, plusieurs neuroscientifiques (Changeux, Damasio) trouvent une inspiration chez Spinoza, qui a dénoncé le dualisme des substances de Descartes, mais maintenu le dualisme des expériences vécues, que Changeux et Ricœur nomme « dualisme méthodologique ». Certes Spinoza est un philosophe à part, mais il demeure un philosophe : il *réfléchit* sur les affects et le *conatus*, cette tendance, cette pulsion de vie dira Freud, qui nous fait persévérer dans notre être, tandis que *nous, psychiatres, essayons de soulager la souffrance par d'autres moyens que la seule invitation à une réflexion rationnelle.* Ce que ces neuroscientifiques aiment chez Spinoza, c'est qu'il lie deux aspects, deux modes de l'être (être nommé *Deus sive natura*) ; il y a *un phénomène* qu'on peut regarder selon *deux perspectives* : le neuronal et le psychologique.

On parle parfois de *parallélisme* psychophysiologique. On peut soutenir que le processus neuronal et le processus psychologique sont simultanés sans qu'ils soient isomorphes, ils obéissent à d'autres règles de fonctionnement, d'enchaînement, de syntaxe : les variations de l'influx nerveux et de la biochimie de la synapse ne répondent pas terme à terme à l'équation que le mathématicien est en train de résoudre, ne se laissent pas décrire par le même langage, les mêmes codes.

La scientificité dans les sciences humaines suppose qu'on ne rejette pas ce qui fait la spécificité du fonctionnement des êtres humains, le développement considérable des représentations mentales, à double face : développement du savoir rationnel et développement de la vie fantasmatique avec envahissement par des craintes imaginaires et construction des arrière-mondes (selon l'expression de Nietzsche), aboutissant à une conscience complexe avec un inconscient et une réflexivité sur soi-même, avec langage, intentionnalité, significations, culture.

La non-réduction du psychologique au neuronal est le fondement de la possibilité d'une action psychothérapique et de la non-limitation de la psychiatrie à une psychiatrie uniquement biologique. Le médicament a certains modes d'action que la psychothérapie n'a pas et la psychothérapie a certains effets que le médicament n'a pas. On pourrait donner de multiples exemples : le régulateur de l'humeur change la vie des patients appelés aujourd'hui bipolaires et naguère maniaco-dépressifs, mais l'action psychologique leur permet de devenir observants au traitement médicamenteux et de mieux gérer leur vie. La compréhension des circonstances psychologiques qui déclenchent des symptômes divers permet d'éviter ou de maîtriser les rechutes. Gérer le médicament et gérer sa vie sont deux voies d'abord complémentaires. Les troubles « mentaux » quel que soit leur substrat biologique sont des troubles du *mind* et non pas seulement du *brain*.

On a la preuve par de nombreux travaux qu'il se passe quelque chose dans une psychothérapie, « psychotherapy is effective », comme le dit Isaac Kolvin (1998). Mais il y a de multiples formes de psychothérapie ; dès lors, il nous faut comprendre ce qui agit dans les psychothérapies à travers leur diversité, faire une méta-théorie de la psychothérapie.

Méta-théorie de la psychothérapie

On définit habituellement la psychothérapie *stricto sensu* comme un traitement avec des moyens psychologiques ; en un sens large, les rééducations diverses sont des psychothérapies avec médiation d'une activité spécifique. Jaspers ([1954], 1955, p. 22) donne une définition intéressante : « On désigne du terme de psychothérapie toutes les méthodes de traitement qui agissent sur l'âme et le corps par des *moyens s'adressant au psychisme*[1]. Toutes exigent que le malade collabore et veuille guérir. »

À cette aune, le conditionnement pur n'est pas une psychothérapie ; il n'est pas non plus une éducation ; il n'est qu'un dressage ; il ne s'adresse pas à une personne qui pourra prendre le relais, se prendre en main : voir les thérapies aversives (Lavin *et al.*, 1961), etc.

Les thérapies comportementales deviennent des psychothérapies avec la TCC, thérapie cognitivo-comportementale (CBT, *cognitive-behavioral therapy*), qui accepte de regarder ce qui se passe dans la « boîte noire », tant du point de vue neuronal que du point de vue psychologique. Il s'agit de modifier le comportement par la cognition. Mais le mot de « cognition » est pris dans un sens élargi ; la cognition classiquement se référait à l'acquisition de la connaissance ; aujourd'hui cognition renvoie à toute représentation mentale, sans accent mis sur sa valeur de vérité, aux croyances, etc.

Soit on y inclut l'affect, la cognition a le sens de *pensée* chez Descartes qui définit ainsi la *res cogitans* : « Une chose qui doute, qui conçoit, qui affirme, qui nie, qui veut, qui ne veut pas, qui imagine aussi et qui sent. » La pensée

---

1. C'est moi qui souligne.

pour Descartes inclut cognitif, conatif, affectif. Aussi longtemps que je pense, que je suis conscient, j'existe et je sais
que j'existe. La pensée, la cognition : « *Cogito, ergo sum* »,
c'est le *self*, c'est l'âme.

Soit on parle du cognitif avec l'illusion qu'on peut iso-
ler le cognitif de l'affectif, alors que tout ce qui se produit
spontanément est « cognitivo-affectif », on ne peut disso-
cier le cognitif de l'affectif. L'excitation d'un neurone isolé
est du domaine de l'expérimentation ; dans le fonctionnement quotidien, tout le cerveau, la base comme le cortex,
est en activité, avec des milliards de neurones et des milliards de milliards de synapses.

L'appellation TCC, thérapie cognitivo-comportementale,
ou CBT, *cognitive-behavioral therapy*, pourrait faire croire
qu'il ne s'agit que d'un travail rationnel. Les cognitions
explorées sont des *fantasmes* tout comme en psychothérapie « psychodynamique ». Par exemple, le patient est invité
à évoquer les situations phobogènes en commençant par
les moins angoissantes, l'*affect* est donc bien présent là.
Il intervient aussi dans la *relation* avec le thérapeute, qui
apprend la *relaxation* préliminaire à l'évocation des situations entraînant le symptôme dans la phase de désensibi-
lisation, et qui accompagne le patient dans le monde extérieur au cours de la phase d'immersion. Cette relation, elle
existe, mais on n'en parle peu, on ne l'analyse pas, on parle
peu de la personne du thérapeute avec son vécu.

Ces brèves remarques permettent de dégager des composantes qui existent dans toute psychothérapie : relation,
place du corps, média d'expression (parole, dessin, jeu),
statut de la conscience, affect, cognition/représentations,
timing, durée, buts... Ces composantes sont paramétrées
différemment, pour viser des cibles différentes, les résultats sont obtenus par des voies différentes.

Aucune psychothérapie n'est une panacée, chacune a ses indications et ses limites.

Certaines font une investigation précise et chiffrée des symptômes et des résultats, qui a ses mérites à condition d'éviter le risque de réduire le patient à une *somme de symptômes* et de prendre insuffisamment en considération la personne différente de toute autre avec son *histoire* et son *environnement*.

Le rôle de la personne du thérapeute est tantôt objectivé au maximum (on pourrait mettre le patient devant un programme informatique), tantôt placé au centre du travail qui se fait, il est une personne humaine, ni un saint, ni un gourou : « Ni technicien pur, ni autorité pure, le médecin est une existence au service d'une autre, un être humain éphémère, avec son semblable », écrit Jaspers. Mais une véritable *rencontre* peut avoir lieu ou non, et *l'indication n'est pas seulement celle d'une technique, elle est souvent celle d'une personne, on le sait très bien dans la pratique des équipes.*

La pratique de la psychothérapie considérera les modalités d'utilisation, *au singulier* : traitement d'un patient par un thérapeute ; ou *au pluriel* : traitement d'un ou plusieurs patients, formant un groupe naturel (couple, famille) ou un groupe thérapeutique, par un ou plusieurs thérapeutes. Ces modalités ont leurs effets particuliers et leurs indications.

La méta-théorie cherchera à prendre en considération la part de chaque facteur et aura une autre vision que celle de la théorie propre à chaque technique. La théorie propre à chaque psychothérapie ne peut pas suffire parce que chaque technique connaît des succès et des échecs qu'elle explique par un argumentaire différent.

Parmi les travaux, il y a des méta-analyses de résultats pour affiner les prescriptions, des revues extensives de la question (Roth et Fonagy). Il y a une présentation de techniques diverses (Appelbaum, 1979 ; Marc, 1981, 1987 ; Duruz et Gennart, 2002 ; Tarquinio, 2012). Il y a des efforts de réflexion épistémologique vers une méta-théorie (Chiland, 1984 ; Duruz, 1994).

Une des limites est qu'on ne comprend vraiment bien ce qu'est une technique donnée que lorsqu'on l'a pratiquée comme patient et/ou thérapeute. On ne peut pas tout essayer en raison du nombre des techniques, bien sûr, mais surtout en raison de l'engagement personnel demandé : la position d'« observateur-participant » n'est pas facile, c'est celle des anthropologues, et on ne peut pas toujours la maintenir ; si on joue le jeu, ce n'est pas sans danger : voir la remarquable enquête faite par Jeanne Favret-Saada (1977), ethnologue et psychanalyste, sur l'ensorcellement et le désensorcellement dans le bocage, dans son livre *Les Mots, la Mort, les Sorts. La sorcellerie dans le bocage*, ou la multiplication des expériences faites par Stephen Appelbaum (1979) dans *Out in Inner Space, A Psychoanalyst Explores the New Therapies*. Lire les livres ne suffit pas ; il faut d'une manière ou d'une autre s'approcher de l'expérience. Ainsi, j'ai mieux compris ce qu'était la gestalt thérapie en assistant à des séances de groupe de gestalt thérapie qu'en lisant le livre de Perls (1969), *Gestalt Therapy Verbatim. Rêves et existence en gestalt thérapie*.

On peut, au niveau d'un service, offrir une certaine gamme de techniques. Mais on ne peut pas être soi-même éclectique et tout pratiquer, on ne change pas d'attitude intérieure comme de casquette, bien que certains, par exemple Charles Baudouin, tentent une psychothérapie intégrative (Duruz, 1994, chapitre 6, p. 202) ou que d'autres comme Olivier Chambon et Michel Marie-Cardine (2010, p. 308) préconisent d'être un « psychothérapeute caméléon ».

Reprenons l'exemple de la TCC dans une de ses variantes appliquée au traitement des phobies et comparons avec la psychanalyse. On voit comment des composantes qui apparaissent dans les deux techniques sont mises en place de manière différente.

	TCC	**Psychanalyse**
Corps	Allongé pour l'apprentissage de la relaxation ; corps concerné, touché par le thérapeute.	Allongé pour être exclu ; tabou du toucher.
Représentations	Désensibilisation : représentations centrées sur l'évocation des circonstances engendrant le symptôme.	Associations libres.
Phase finale	Immersion. Accompagnement dans le monde extérieur.	Pas d'équivalent. Accompagnement uniquement à l'intérieur du cadre et dans l'investigation du psychisme.
Relation	Existe, importe, mais n'est pas travaillée comme facteur du traitement.	Transfert et analyse du transfert et du contre-transfert.
But du traitement	Autocontrôle focalisé sur la disparition du symptôme.	Accent mis sur la mentalisation et le récit de la vie. Rendre la personne capable d'une autre gestion de sa vie et d'une autoanalyse en cas de reprise des difficultés.
Durée du traitement	Brève, planifiée.	Indéterminée et longue.

La mentalisation est mise en avant par Fonagy *et al.* (2005), Allen *et al.* (2008) comme quasi caractéristique de l'action psychothérapique et définie de manière large : enrichissement de la vie de l'esprit. Il ne fait qu'une allusion très partielle aux travaux français ; Pierre Marty (1976) est pourtant à l'origine d'une école psychosomatique ; à partir du sens de « psychosomatique » adopté dans la littérature mondiale comme concours du psychisme à des maladies somatiques, il en était arrivé à une conception intéressante de l'économie psychosomatique générale : tous les êtres humains réagissent aux événements de leur vie, au stress, dans trois registres : biologique, comportemental et mental ; la mentalisation avec une mobilisation du préconscient joue un rôle protecteur et thérapeutique.

La « psychothérapie psychodynamique », terme politiquement correct pour psychanalyse, cache-sexe pour ainsi dire, et bouclier protecteur contre des attaques systématiques, prend en considération la subjectivité et l'intersubjectivité ; elle considère que le choix du thérapeute peut être important pour favoriser la rencontre, l'appariement, le *matching* du thérapeute et du patient ; la question du sexe (*gender*) du thérapeute peut se poser. La psychanalyse tente de fournir au patient une « matrice symbolique » pour mieux se comprendre lui-même et les diverses écoles de psychanalyse n'ont pas la même matrice, ne donnent pas les interprétations dans le même langage. Il faut aussi tenir compte de la culture d'origine du patient dans cette matrice symbolique.

Une philosophie différente se profile à l'arrière-plan de chaque méthode de psychothérapie ; il ne s'agit pas d'un endoctrinement, mais d'emprunts qui situent le travail fait dans une autre perspective. Par exemple, la *mindfulness* ou « pleine conscience », reprise dans la DBT, *dialectical-behavior therapy* (ou TCD, thérapie comporte-mentale dialectique), s'inspire du bouddhisme dans sa technique de méditation et dans le regard de bienveillance qu'elle invite à porter sur soi-même comme sur autrui ; tandis que d'autres psychothérapies travaillent par l'activation de circuits liés aux pensées sur lesquelles on se centre, la *mindfulness* met au repos l'usine mentale (qui ressasse, par exemple, le stress, la dépression) en laissant advenir à la conscience la plénitude du *hic et nunc*.

Jeune psychiatre, j'ai été frappée, à la lecture des dossiers épais de patients avec un long passé psychiatrique, par la variation du diagnostic d'une hospitalisation à l'autre ; on comprend que l'application de critères définis dans une classification, l'utilisation d'échelles, etc., ait quelque chose de rassurant. Mais c'est loin d'être aussi simple que cela : il ne faut pas réduire la personne à l'étiquette, cesser d'écouter le discours spontané du patient pour privilégier ce qui permet d'arriver à des résultats chiffrés. Il ne faut pas réduire la scientificité à la quantification ; on peut mettre le patient devant un ordinateur, lui faire cocher des cases et le diagnostic et le traitement sortiront. Et comme on manque d'argent pour former des psychiatres et des professionnels de haut niveau, des auxiliaires suffiront. Mais la clinique aura disparu...

Conclusion

J'espère avoir montré qu'on s'enrichit à sortir de la langue unique et que la comparaison des connotations des termes en français et en anglais ouvre des perspectives pour comprendre l'apport de la psychiatrie francophone à la psychiatrie mondiale. J'ai insisté sur l'importance des avancées des neurosciences pour la psychiatrie et, en même temps, sur le danger de la réduction du psychologique au neuronal. De même que la matière vivante constitue une émergence à partir de la matière, le développement du système nerveux chez les êtres vivants permet l'émergence de la vie psychologique et du niveau qu'elle atteint chez l'animal humain.

Freud et la psychanalyse sont à l'heure actuelle violemment critiqués de manière absurde, qui n'a rien à voir avec une critique scientifique légitime. À Freud (1913, p. 210) revient le très grand mérite d'avoir insisté sur l'*Infantilismus*, dont il faisait une des pierres angulaires de la théorie psychanalytique ; l'infantilisme, c'est l'importance de l'enfance dans la construction du fonctionnement mental et la survie en nous de l'enfant que nous avons été ; aujourd'hui tous les psychiatres d'enfants et d'adolescents sont convaincus de l'importance des interactions précoces.

Non moins grand le mérite de Freud d'avoir aboli la frontière entre le normal et le pathologique dans la vie mentale (voir les textes cités en annexe à la fin de ce chapitre : Freud S., 1907a ; 1909b ; 1937c).

La différence entre le normal et le pathologique est, pour Freud, quantitative et non qualitative ; nous avons tous des mécanismes névrotiques et même psychotiques, qui revêtent un caractère pathologique du point de vue « pratique » quand ils deviennent intenses, prégnants, impossibles à mobiliser. Après Freud, aucun psychiatre ne peut plus prétendre être du bon côté de la barrière, le côté *sane*, « sain », tandis que le patient serait du côté *insane*, « insensé, aliéné, étranger ». Toute psychanalyse « réussie » apprend à être humble... Ce point de vue de Freud devrait être médité à l'heure actuelle où les classifications des « troubles mentaux » soulèvent de grands remous, parce que l'étiquette « trouble mental » demeure stigmatisante, comme finalement toute étiquette médicale. Changer d'étiquette, passer du « trouble » à la « souffrance » ou à la « variante », ne suffit pas, c'est toute la société qu'il faut éduquer constamment au respect de l'autre dans sa diversité. Thérapeutes, nous devrions être rassurants puisque nous soignons, mais nous sommes inquiétants puisque nous sommes la preuve qu'il y a quelque chose à soigner.

ANNEXE : TEXTES DE SIGMUND FREUD
SUR LE NORMAL ET LE PATHOLOGIQUE

1. Freud S. (1907a), « Der Wahn und die Träume in W. Jensen's *Gradiva* », *GW*, 7, p. 70. [*Le Délire et les Rêves dans la* Gradiva *de Jensen*, traduction de Paule Arbex et Rose-Marie Zeitlin, Paris, Gallimard, 1986, p. 184-185.]

   La frontière entre les états psychiques que l'on dit normaux et ceux que l'on appelle pathologiques est d'une part conventionnelle et d'autre part si fluctuante que vraisemblablement, chacun d'entre nous la franchit plusieurs fois au cours d'une journée.

2. Freud S. (1909b), « Analyse der Phobie eines fünfjahringen Knaben », *GW*, 7, p. 376. [« Analyse d'une phobie chez un petit garçon de 5 ans », traduction Marie Bonaparte et Rudolph Loewenstein, *in Cinq psychanalyses*, Paris, PUF, p. 196-197.]

   Qu'aucune frontière nette n'existe entre les « nerveux » et les « normaux », enfants ou adultes ; que la notion de « maladie » n'ait qu'une valeur purement pratique et ne soit qu'une question de plus ou de moins ; que la prédisposition et les éventualités de la vie doivent se combiner afin que le seuil au-delà duquel commence la maladie soit franchi ; qu'en conséquence de nombreux individus passent sans cesse de la classe des bien portants dans celle des malades nerveux et qu'un nombre bien plus restreint de malades fasse le même chemin en sens inverse, ce sont là des choses qui ont été si souvent dites et qui ont trouvé tant d'écho que je ne suis certes pas seul à les soutenir.

3. Freud S. (1937c), « Die endliche und die unendliche Analyse », *GW,
16* : p. 80. [« L'analyse avec fin et l'analyse sans fin », traduction
sous la direction de Jean Laplanche, *in Résultats, idées, problèmes*,
Paris, PUF, tome II, p. 250.]

> Toute personne normale n'est en fait que moyennement normale, son
> moi se rapproche de celui du psychotique dans telle ou telle partie,
> dans une plus ou moins grande mesure.

RÉFÉRENCES

Allen J. G., Fonagy P. et Bateman A. (2008), *Mentalizing in Clinical
Practice*, Washington D.C./Londres, American Psychiatric
Publishing.

Appelbaum S. A. (1979), *Out in Inner Space. A Psychoanalyst Explores
the New Therapies*, New York, Anchor Press/Doubleday.

Cabanis P. J. G. (Pluviose XI du calendrier républicain, 1803),
« Rapports du physique et du moral de l'homme », *Mercure de
France, littéraire et politique* (numérisé par Google).

Chambon O. et Marie-Cardine M. (1999, 2003), *Les Bases de la psychothérapie. Approche intégrative et éclectique*, 3ᵉ édition, Paris,
Dunod, 2010.

Changeux J.-P. et Ricœur P. (1998), *La Nature et la Règle. Ce qui
nous fait penser*, Paris, Odile Jacob. *What Makes Us Think ?
A Neurocientist and a Philosopher Argue about Ethics, Human
Nature, and the Brain*, translation by M. B. DeBevoise, Princeton/
Oxford, Princeton University Press, 2000.

Chiland C. (1984), « Regard psychanalytique sur les thérapies autres »,
Psychologie française, **29**, **2**, p. 116-122. *Homo psychanalyticus*,
Paris, PUF, 1990, p. 285-296.

Chiland C. (éd.) (1984), « Les voies psychologiques de la thérapie »,
Psychologie française, **29**, **2**, p. 115-186.

Chiland C. (1990), « Freud et l'hérédité », *Homo psychanalyticus*, Paris,
PUF, p. 121-129.

Damasio A. R. (2010), *Self Comes to Mind. Constructing the Conscious
Brain*, New York, Pantheon Books. *L'Autre Moi-Même. Les nou-
velles cartes du cerveau, de la conscience et des émotions*, Paris,
Odile Jacob, 2010.

Duruz N. (1994), *Psychothérapie ou psychothérapies ? Prolégomènes à
une analyse comparative*, Neuchâtel/Paris, Delachaux et Niestlé.

Duruz N. et Gennart M. (éd.) (2002), *Traité de psychothérapie comparée*, Genève, Médecine et Hygiène.

Eccles J. C. (1994), *How the Self Controls Its Brain*, Berlin, Springer. *Comment la conscience contrôle le cerveau*, Paris, Fayard, 1997.

Edelman G. M. (1992), *Bright Air, Brilliant Fire. On the Matter of the Mind*, New York, Basic Books. *Biologie de la conscience*, Paris, Odile Jacob, 1992.

Edelman G. M. et Tononi G. (2000), *A Universe of Consciousness. How Matter Becomes Imagination*, New York, Basic Books ; Harmondsworth, Middlesex, England, Allen Lane, The Penguin Press. *Comment la matière devient conscience*, Paris, Odile Jacob, 2000.

Favret-Saada J. (1977), *Les Mots, la Mort, les Sorts. La sorcellerie dans le bocage*, Paris, Gallimard.

Fonagy P., Gergely G., Jurist E. et Target M. (2005), *Affect Regulation, Mentalization, and the Development of the Self*, New York, Other Press.

Freud S. (1913), « On psycho-analysis », *SE*, 12, p. 210.

Freud S. [normal et pathologique] (1907a ; 1909b ; 1937c) [voir Annexe de ce chapitre]

Jaspers K. ([1954], 1955), *Wesen und Kritik des Psychotherapie*, Munich, Piper & Co Verlag. *De la psychothérapie. Étude critique*, Paris, PUF, 1956.

Kolvin I. (1988), « Psychotherapy is effective », *Journal of the Royal Society of Medicine*, mai, 81, p. 261-266.

Lavin N. I., Thorpe J. G., Barker J. C., Blakemore C. B. et Conway C. G. (1961), « Behavior therapy in a case of transvestism », *Journal of Nervous and Mental Disease*, octobre, 133, p. 346-353.

Marc E. (1981), *Le Guide pratique des nouvelles thérapies*, Paris, Retz.

Marc E. (1987), *Le Processus du changement en thérapie*, Paris, Retz.

Marty P. (1976), *Les Mouvements individuels de vie et de mort. Essai d'économie psychosomatique*, Paris, Payot.

Naccache L. (2006), *Le Nouvel Inconscient. Freud, Christophe Colomb des neurosciences*, Paris, Odile Jacob.

Perls F. S. (1969), *Gestalt Therapy Verbatim*, édition établie par John O. Stevens, Lafayette, Californie, Real People Press. *Rêves et existence en gestalt thérapie*, Paris, Epi, 1972.

Popper K. et Eccles J. C. (1977), *The Self and Its Brain*, Berlin, Springer ; New York, Routledge, 2006.

Ricœur P. (1990), *Soi-même comme un autre*, Paris, Seuil. *Oneself as another*, Chicago, University of Chicago Press, 1992.

Rizzolatti G. et Sinigaglia C. (2006), *So quel che fai. Il cervello che agisce e i neuroni specchio*, Milan, R. Cortina. *Les Neurones Miroirs*, Paris, Odile Jacob, 2008.

Stern D. (1985), *The Interpersonal World of the Infant. A View from Psychoanalysis and Developmental Psychology*, New York, Basic Books. *Le Monde interpersonnel du nourrisson. Une perspective psychanalytique et développementale*, Paris, PUF, 1989.

Tarquinio C. (2012), *Manuel des psychothérapies complémentaires*, Paris, Dunod.

Winnicott D. W. (1958), « Mind and its relation to the psyche-soma », *Collected Papers, Through Paediatrics to Psycho-Analysis*, Londres, Tavistock, 1958, p. 243-254.

Chapitre 2

Trajectoires de santé mentale dans l'enfance et l'adolescence

<hr>

Olayinka Olusola Omigbodun

Le thème de ce livre, qui fut celui du 20ᵉ Congrès mondial de la IACAPAP, *Cerveau, psyché et développement*, est très pertinent parce que les contrastes entre les sociétés, les cultures, les environnements et les services qui ont un impact sur le cerveau, la psyché et le développement des enfants n'ont jamais été aussi grands dans l'histoire du monde. Une série récente d'articles publiés dans *The Lancet* en 2011 souligne les énormes inégalités à l'intérieur des pays et des régions et entre eux et les facteurs de risque qui entravent le développement du cerveau, abondants pour la plupart parmi les populations du monde les plus pauvres et les plus vulnérables (Walker *et al.*, 2011). On met aussi au premier plan les facteurs de protection et les interventions médicales reposant sur des faits prouvés, *evidence-based medicine*, EBM (Engle *et al.*, 2011). Les professionnels de santé mentale de l'enfant et de l'adolescent (SMEA) ont affaire à travers le monde à des situations contrastées. Il y a des sociétés qui disposent de services de SMEA bien organisés appliquant l'EBM avec des ressources assurant aux enfants la possibilité d'un développement optimal du cerveau, et d'un autre côté des sociétés quasiment dépourvues de services de SMEA. Malheureusement, là où l'on manque de ressources en SMEA, on a une abondance de mécanismes qui perturbent le développement du cerveau et de l'esprit. C'est pourquoi la question des « trajectoires en santé mentale de l'enfance et de l'adolescence » vient au bon moment.

Ce texte utilise une étude de cas dans une famille élargie, une comparaison d'enfants dans deux types d'institutions résidentielles et une étude longitudinale d'un groupe d'enfants et adolescents des écoles du Nigeria pour essayer de tracer les chemins (hérédité et environnement) qui conduisent à la santé mentale, à l'inadaptation ou aux troubles mentaux chez des individus ou dans des groupes. Ce récit commence avec une histoire, et c'est une des leçons apprises lors de mes études en éducation et promotion de la santé : il y a des chances qu'on se souvienne des histoires.

L'histoire de deux sœurs, deux familles, sur deux continents

Les deux sœurs s'écrivaient souvent des lettres l'une à l'autre et parlaient occasionnellement des difficultés de leur vie quotidienne. Pour une des sœurs, il s'agissait principalement de la difficulté à se procurer assez de nourriture pour elle et ses enfants, des problèmes de faire face à un manque d'eau dans les canalisations, de devoir utiliser des bougies ou des lampes à kérosène, car l'électricité parvenait rarement à la maison. Elle mentionnait ses visites chez le marchand de médicaments en vente libre pour se procurer des antipaludéens et des antalgiques, il n'était pas question de consultations chez des médecins, ce qui simplement n'était pas à leur portée.

Quelquefois, quand un des enfants avait de la fièvre, un accès de malaria ou des douleurs abdominales, elle faisait un tour dans le voisinage et ramassait des feuilles du populaire *dongoyaro* (*Azadirachta indica*, appelé populairement l'arbre neem). On les faisait bouillir dans un pot placé sur un feu de bois pendant des heures et tous buvaient le bouillon obtenu. Quand on se trouve dans la situation de devoir tirer de sa poche l'argent pour financer les dépenses de santé, on ne se rend chez le médecin ou à l'hôpital qu'en cas d'urgence ou s'il s'agit de vie ou de mort. À part son travail comme secrétaire du service civil, elle prenait plaisir à se rendre fréquemment en visite chez des amis et au temps régulièrement consacré à des activités spirituelles où l'on chantait, dansait, priait. Elle terminait toujours ses conversations en mentionnant que ses enfants allaient bien et travaillaient bien à l'école.

L'autre sœur parlait de ses visites chez son généraliste, d'un bilan pour ses yeux et d'autres bilans de santé routiniers. Elle semblait avoir toujours un rendez-vous chez le médecin pour un membre de la famille ou pour elle-même. Elle ne semblait jamais se tracasser au sujet du nombre des consultations parce que le service national de santé payait pour elle. Elle parlait aussi de ses vacances annuelles en famille dans d'autres parties de l'Europe ou aux Caraïbes. Et puis elle terminait sur des inquiétudes concernant ses enfants et elle était au bord des larmes. Elle se demandait souvent où son mari et elle avaient fait fausse route. Sa sœur et d'autres amis se le demandaient aussi.

Les deux sœurs étaient nées de la même mère le même jour à quelques minutes d'intervalle. Comme c'est la coutume dans la culture yoruba dans laquelle elles étaient nées, la première jumelle fut appelée Taiwo, ce qui veut dire « la première à goûter le monde », tandis que l'autre fut appelée Kehinde, ce qui veut dire « la dernière à venir ». La naissance de jumeaux dans cette communauté n'était pas inattendue, car, tandis que le taux de naissance de jumeaux monozygotes est similaire à travers le monde (4 pour 1 000 naissances), le peuple yoruba qui vit dans plusieurs pays de l'Afrique occidentale a l'incidence la plus élevée de jumeaux dizygotes dans le monde, avec une fréquence de 45 pour 1 000 (Hibbs *et al.*, 2010 ; Smits et Monden, 2011). Taiwo et Kehinde, une paire de jumelles dizygotes, étaient nées dans les années 1930 dans une ville de la côte ouest d'Afrique. Leur mère avait souffert de tuberculose pendant au moins quatre ans avant leur naissance. Malgré ce mauvais état de santé prolongé, elle avait eu un fils mort-né juste 16 mois avant la naissance des jumelles. Après l'accouchement des jumelles, les symptômes de la mère s'aggravèrent et on lui retira les jumelles. De toute façon, elle avait une tuberculose et, même si elle n'avait pas été si malade, on l'aurait séparée des jumelles. En ce temps-là, la recherche d'un traitement médicamenteux de la tuberculose était encore bien loin. La mère mourut quand les jumelles avaient juste 5 mois.

Heureusement aujourd'hui, les mères atteintes de tuberculose peuvent allaiter leurs bébés, leur procurant ainsi des bienfaits physiques et mentaux dont ils ont grand besoin. Les mères atteintes de tuberculose bénéficient maintenant de médicaments et les bébés aussi peuvent en avoir à titre préventif (WHO/OMS, 1998). Avec la perte de leur mère, déjà en état de sous-alimentation avant leur naissance, on ne s'attendait pas à ce que les jumelles survivent. Leur père, un homme ayant quelque instruction, décida de trouver un moyen de nourrir les jumelles pour qu'elles puissent survivre.

Une employée de maison fut chargée de s'occuper des jumelles. Elle donna des soins attentifs aux deux petites filles, qui, sans jamais avoir été nourries au sein, non seulement survécurent, mais se développèrent bien. Dans cette région du monde et à cette époque, la mortalité infantile des jumeaux était extrêmement élevée, environ 300 morts pour 1 000 naissances, même s'ils étaient nourris au sein (Adetunji et Bos, 2006). Pour ceux dépourvus d'une mère pour les nourrir au sein, la chance de survie était très mince (WHO et Collaborative Study Team on the Role of Breastfeeding on the Prevention of Infant Mortality, 2000). Quand les jumelles eurent 5 ans, leur père se remaria et l'employée de maison, appelée avec tendresse « Mamie Nounou », fut renvoyée dans ses foyers.

Les deux jumelles décrivent le départ de « Mamie Nounou » comme extrêmement traumatique. Il y avait de fréquentes querelles à la maison. À maintes occasions, elles durent quitter la maison le ventre vide. Les sœurs développèrent leur propre « langage spécial » pour se parler l'une à l'autre et y trouvèrent un réconfort. Elles trouvèrent aussi différents moyens de survivre au manque de nourriture et en étaient arrivées à voler de la nourriture et de l'argent. Elles rendaient visite à des parents ou à des amis de l'école chez eux aussi souvent que possible dans l'espoir d'y avoir un repas chaud. Elles passaient l'essentiel de leur temps en dehors de leur maison et espéraient en partir. En apparence, elles n'avaient aucun problème de santé mentale ni de développement. Bien appréciées à l'école, elles avaient des résultats supérieurs à la moyenne et se maintenaient toutes deux en tête de classe à l'école secondaire. Dès qu'elles eurent terminé leurs études secondaires, leur père vendit un morceau de terre pour payer leur voyage en bateau jusqu'au Royaume-Uni. Elles y arrivèrent immédiatement après la fin de la Seconde Guerre mondiale, au moment du plus grand afflux de migrants noirs venant des colonies du Royaume-Uni. Il y avait encore un rationnement alimentaire, mais il était sans comparaison possible avec les difficultés auxquelles elles avaient fait face chez elles. Elles terminèrent avec succès des études de secrétaire, rencontrèrent et épousèrent des hommes qui venaient comme elles d'Afrique de l'Ouest. Taiwo retourna vivre en Afrique de l'Ouest tandis que Kehinde resta au Royaume-Uni.

En apparence et dans leurs conversations, à l'âge adulte, elles paraissaient jouir d'une bonne santé mentale en dépit des nombreux stress et difficultés affrontés. Elles paraissaient faire face aux stress normaux de la vie, avoir un travail productif et fructueux, en contribuant à la vie de leur communauté. J'ai essayé d'identifier les facteurs qui les avaient aidées à se débrouiller au milieu des difficultés de leur enfance et à demeurer encore dans une santé mentale suffisamment bonne. Il y a plusieurs lacunes et c'est seulement l'histoire de deux jumelles. En retraçant leur trajectoire de santé mentale, j'ai trouvé que ce que Walker *et al.* (2011), Engle *et al.* (2011) et WHO/OMS (2005) ont écrit est un guide extrêmement utile pour la politique et les plans de santé mentale de l'enfant et de l'adolescent quant aux facteurs de risque et de protection pour le développement de l'enfant, dès son début.

Facteurs possibles de risque et de protection
pour le développement des jumelles

Domaine	Facteurs de risque	Facteurs de protection
Biologique	Maladie grave de la mère pendant la période prénatale. Mère sous-alimentée. Grossesse multiple. Petit poids de naissance. Absence d'allaitement maternel.	Forces génétiques inconnues. Disposer d'une nourriture adaptée et suffisante.
Psychosocial	Mort de la mère. Absence d'allaitement maternel. À 5 ans, rupture de la relation avec la première personne qui avait pris soin des enfants.	Importance d'une « Mamie Nounou » comme figure maternelle. Attachement sécure à la mère de remplacement. Relation intime avec la jumelle. Continuité des soins. Niveau d'éducation du père et de la mère. Plusieurs autres personnes prenant soin dans le système de la famille étendue. Culture attirant l'attention sur les besoins particuliers des jumeaux. Stimulation adéquate.

Chacune des sœurs eut quatre enfants, deux garçons et deux filles. Un regard global sur les quatre enfants vivant en Afrique de l'Ouest a révélé quelques caractéristiques intéressantes. Tout au long de leur scolarité primaire et secondaire, ces quatre jeunes ont eu des résultats scolaires excellents et ont été considérés comme des modèles dans leurs écoles, en tête de classe. Ils avaient de bons amis à l'école et étaient regardés comme bien insérés. Tout n'était pas parfait, mais il était tout à fait clair pour tous qu'ils jouissaient d'une bonne santé mentale. Ils faisaient preuve dans leur vie quotidienne d'un développement psychologique optimal, de relations sociales productives, d'un apprentissage efficace et de la capacité de faire des choix qui montraient qu'ils se souciaient de leur santé (WHO/OMS, 2005). Tous progressèrent et obtinrent des diplômes universitaires, certains de haut niveau ; ils firent carrière et entretinrent des relations maritales stables. Leurs enfants continuent à faire preuve de stabilité et de productivité.

Au contraire, les quatre enfants qui restèrent en Europe eurent des difficultés relationnelles et scolaires tout au long de leur scolarité. Des conflits avec leurs parents se produisirent souvent pendant leurs années d'études secondaires, habituellement au sujet du type d'amis qu'ils avaient, de leur manière de s'habiller ou de leurs activités sociales. Ils fréquentèrent l'école jusqu'à ce qu'ils aient atteint l'âge de la fin de la scolarité obligatoire et la quittèrent alors. Quand ce fut cause de conflits avec leurs parents, ils rétorquèrent qu'ils n'avaient pas besoin d'études supérieures pour vivre une vie confortable. Aucun ne vit une relation stable et ils ont eu des enfants nés de relations multiples. Ils sont maintenant en situation de conflit avec leurs enfants à des degrés divers et, dans de nombreux cas, ils n'ont pas de contact régulier, voire aucun contact, avec leurs enfants. De plus, chacun des quatre enfants a eu un ou plusieurs enfants qui ont été adressés en consultation ou admis dans un service de santé mentale infantile avec un diagnostic de troubles affectifs ou comportementaux établi par un spécialiste de santé mentale.

L'histoire de ces deux sœurs m'a fascinée pour diverses raisons. La sœur ouest-africaine et ses enfants ont apparemment subi plus d'adversité. Elle était restée, après le meurtre de son mari au cours d'une attaque de vol à main armée, au terme de dix années de mariage, seule pour élever ses quatre enfants, tous âgés de moins de 10 ans. Elle subit une perte de revenus et les enfants durent quitter l'école privée où ils étaient inscrits pour une école publique gouvernementale beaucoup moins chère. La nourriture et les vêtements faisaient souvent défaut, ce qui n'est pas inhabituel dans une société où il n'y a pas de système structuré de protection sociale. Cependant les enfants vécurent avec leur mère tout au long de ces temps d'adversité.

Sa sœur, installée au Royaume-Uni, a eu la chance de vivre une relation maritale stable et une existence confortable, avec des vacances, la gratuité de l'école et du système de santé, dans un voisinage de classe moyenne. Les enfants n'ont souffert d'aucun désavantage social évident pendant la plus grande partie de leur enfance. On doit cependant noter que les deux premiers enfants de la sœur restée au Royaume-Uni vécurent chez des parents d'accueil pendant la période où leurs parents poursuivaient leurs études ; et aussi que les quatre enfants de parents migrants ont pu faire l'expérience de la discrimination et de la marginalisation ou d'un « manque de se sentir à sa place » dans une société ne leur offrant pas de modèles positifs de rôle, ce qui a pu contribuer à leurs difficultés.

Ces deux sœurs, jumelles, ont vécu ensemble jusqu'à l'âge de 25 ans. Les enfants qui ont vécu dans l'environnement apparemment le plus difficile ont excellé, tandis que ceux qui ont connu plus d'aisance ont rencontré plus de problèmes de santé mentale, ce qui soulève beaucoup de questions. Les facteurs responsables de l'évolution finale observée sont-ils mesurables ou sont-ils non quantifiables ? Quelles trajectoires vers une bonne santé mentale pouvons-nous identifier ? Quels facteurs dans la communauté ont conduit à la santé mentale ? Quel est le rôle des visites régulières de la famille et de la parentèle ? Quelles forces reçoit-on de la participation fréquente à des activités spirituelles ? Quel rôle a le conflit entre la société et la culture sur la santé mentale de l'enfant ? Quel rôle ont les attentes de la société sur le type de comportement et de choix ? Quel est l'impact de ces attentes sociétales sur la psychiatrie de l'enfant et de l'adolescent ?

Cela me conduit à une décennie de travail de santé mentale avec des enfants dans des environnements contrastés.

Travail de santé mentale avec des enfants dans des écoles

En 1999, je revins du Royaume-Uni après avoir obtenu une maîtrise en santé publique. Mon orientation de travail en psychiatrie de l'enfant et en santé mentale de l'enfant avait alors changé de façon remarquable et j'avais découvert qu'il était important de ne pas me confiner dans l'hôpital où je travaillais si je voulais avoir un impact décisif sur la santé mentale de l'enfant. J'avais appris que, en tant que professionnel de santé mentale dans un service tertiaire, surtout dans une région pauvre en ressources et pratiquement sans aucun service de santé mentale de l'enfant et de l'adolescent, j'avais besoin d'un réseau relationnel autre que celui prévu dans ma routine de travail pour installer une unité de psychiatrie de l'enfant dans un hôpital d'enseignement en relation avec la communauté, exactement comme Wulsin (1996) l'a affirmé. Nous avions besoin de programmes comportant clinique, recherche et éducation pour :

– développer des interventions améliorant la détection et le traitement des problèmes de santé mentale dans les lieux communautaires ;

– former les praticiens de santé de la communauté à reconnaître et traiter les problèmes de santé mentale chez l'enfant ;

– former des professionnels de santé mentale à exercer dans la communauté ;

– fournir une formation continue aux praticiens de santé de la communauté pour régler les problèmes de la santé mentale de l'enfant ;

– entretenir un travail de liaison efficace avec les dispositifs de santé de la communauté ;

– agir comme défenseurs de la place de la santé mentale dans la communauté.

J'ai aussi découvert que la grande majorité des enfants qui se présentaient dans l'institution tertiaire où je travaillais étaient les enfants de privilégiés dans la société qui pouvaient payer de leur poche les soins de santé.

Établir des relations avec deux « institutions » pour enfants fut un processus long, constant, qui continue encore. Pendant plus d'une décennie, j'ai eu la chance de suivre les besoins de santé mentale des enfants « pris en charge » dans deux environnements différents, la chance unique de parcourir avec eux le chemin vers leur état actuel de bonne santé mentale ou de troubles mentaux.

Des maisons pour enfants :
si près, et pourtant si loin

Pour identifier les groupes d'enfants qui pourraient bénéficier d'interventions de santé mentale, je pris contact avec un établissement de protection judiciaire de la jeunesse à proximité de mon hôpital et avec un SOS-Village d'enfants dans une autre ville. Je ne tardai pas à découvrir que les deux lieux recevaient des enfants avec des problèmes psychosociaux et environnementaux très similaires qui avaient conduit à leur présence dans ces maisons.

SOS-Villages d'enfants est une ONG indépendante pour le développement social qui reçoit des enfants vulnérables dans des circonstances différentes et leur fournit une maison. SOS-Villages d'enfants intervient dans 133 pays et territoires. Tout est dit de leur mission dans cette déclaration :

> Nous construisons des familles pour les enfants qui en ont besoin.
> Nous les aidons à se construire un avenir.
> Nous prenons part au développement de leurs communautés.
>
> Notre vision de ce que nous voulons pour les enfants du monde entier :
> Que tout enfant appartienne à une famille.
> Que tout enfant grandisse dans l'amour.
> Que tout enfant grandisse dans le respect.
> Que tout enfant grandisse dans la sécurité.

Des établissements de protection judiciaire de la jeunesse furent créés par le gouvernement du Nigeria dans les principales villes du pays pour recevoir des enfants ayant besoin de soins et de protection, enfants décrits comme « échappant au contrôle parental » et enfants ayant commis des crimes. Ces établissements appartiennent au gouvernement, qui les gère.

SIMILARITÉS ENTRE LES ENFANTS ADMIS
DANS CES DEUX TYPES D'INSTITUTIONS.
FACTEURS PSYCHOSOCIAUX DE STRESS ET PSYCHOPATHOLOGIE

Les enfants dans ces deux institutions avaient les mêmes sortes de facteurs psychosociaux de stress et de psychopathologie au début de leur séjour dans ces deux ressources. Les enfants avaient connu des difficultés quant à leur groupe de soutien primaire et des problèmes tels que l'abandon par la mère ou les parents : séparation d'avec les parents, rupture de la famille par séparation ou divorce, maladie psychiatrique grave d'un parent, mort d'un ou des deux parents, abus sexuel, maltraitance physique et négligence affective dominaient le tableau.

Avant d'arriver dans ces « institutions », ces enfants avaient aussi eu de sérieux problèmes avec leur environnement social, avaient vécu dans la rue, avec une fréquentation scolaire nulle ou irrégulière, avaient travaillé bien qu'enfants et vécu dans une extrême pauvreté, affamés à longueur de temps. Beaucoup avaient été confrontés à de graves événements traumatiques au cours de leur vie et de leur travail dans la rue. L'impact de ces facteurs psychosociaux de stress sur leur santé mentale infantile était très clairement perceptible à leur admission.

La psychopathologie constatée dans ces deux établissements était similaire au moment où nous avons fait les évaluations à l'admission : troubles de l'humeur, troubles des conduites, troubles sphinctériens, anxiété, troubles psychotiques et déficience intellectuelle.

CONTRASTES ENTRE LES EXPÉRIENCES VÉCUES
PAR LES ENFANTS DANS CES DEUX TYPES D'INSTITUTIONS

Qualité du partenariat

Le Village SOS nous sollicita activement et souhaitait une relation avec nous. Ils nous posaient des questions et se rendaient régulièrement aux rendez-vous. Dans l'établissement de protection judiciaire, nous devions demander à voir les enfants ; nos propositions de partenariat ont toujours été accueillies avec hostilité et suspicion par la direction.

Aménagement de la vie résidentielle

Les deux institutions étaient installées sur un grand terrain qu'on aurait pu agrémenter. L'un des environnements (le Village SOS) fut magnifiquement aménagé avec beaucoup de verdure. Chaque enfant habitait dans une maison avec une mère aidée d'un autre adulte et fréquentait l'école. Les enfants de l'établissement de protection judiciaire vivaient dans une institution avec des gardiens se succédant par équipes ; l'établissement n'était rattaché à aucune structure scolaire ; nous fûmes en mesure plus tard de fournir aux enfants une certaine forme de programme scolaire.

Procédés et contenus des services offerts

Chaque site bénéficia d'une offre d'aide de notre unité hospitalière spécialisée pour des évaluations de santé et une formation du personnel. L'établissement de protection judiciaire eut recours à l'aide de l'hôpital seulement lorsqu'il y eut des urgences de vie ou de mort pour les enfants. Le Village SOS proposa plusieurs moyens de contact avec l'hôpital ; des appels téléphoniques réguliers étaient faits par l'infirmière du village à des membres de l'équipe hospitalière pour demander un conseil et des précisions et les rendez-vous de consultations étaient scrupuleusement honorés ; ils étaient habituellement regroupés pendant les vacances scolaires étant donné la distance du village jusqu'à l'hôpital.

Bien que ces enfants aient eu des bases de départ similaires, leur santé mentale évolua de façon tout à fait différente. Certaines raisons en sont clairement évidentes eu égard au contraste dans la gestion des deux institutions. Cependant, ces différences suffisent-elles à expliquer les résultats finaux ?

Leçons à en tirer

J'ai observé que des enfants faisant des crises d'épilepsie dans les deux institutions avaient une évolution différente de leur santé mentale due à des différences dans la qualité des soins et la régularité de la prise de médicaments, détérioration dans l'une, stabilisation en bonne santé mentale dans l'autre. Avec le soutien de la maison et de l'école, des règles de vie cohérentes et une présence régulière à la consultation, les enfants avec troubles de la conduite ont progressé dans le Village SOS tandis que la maltraitance physique et la contrainte dont les enfants ont souffert dans l'établissement de protection judiciaire ont aggravé le pronostic. Le même type d'évolution fut observé pour pratiquement toutes les conditions de santé mentale. Nous observons que des enfants partant du même point dans leur parcours de santé mentale en changent le cours parce qu'ils ont la chance qu'on vienne les prendre pour les mettre dans un environnement sain ou la malchance qu'on les détourne vers un environnement qui aggrave encore leur situation.

La seule différence qui semble avoir déterminé l'évolution de la santé mentale de ces enfants vulnérables est le lieu où ils ont été mis par l'« État ».

J'ai trouvé un poème intéressant dans un livre intitulé *The Mental Health Needs of Looked After Children* [« Les besoins de santé mentale des enfants pris en charge »], écrit par Richardson et Joughin (2002) et publié par le Royal College of Psychiatrists du Royaume-Uni. Il saisit étonnamment la situation désespérée des enfants de l'établissement de protection judiciaire ici dans mon pays.

L'État est mon parent...

L'État est mon parent...
Mais il n'a pas de bras pour m'enlacer,
Ou de lèvres pour m'embrasser,
Ou d'oreilles pour m'écouter,
Ou d'yeux pour me regarder.

L'État est mon parent...
Mais il part sans dire au revoir
Et il dit que je dois partir
Sans raison de partir

L'État est mon parent...
Ce doit avoir été mon destin,
Parce que, maintenant, juste comme mon parent,
JE SUIS UN ÉTAT.

(Une voix pour l'enfant pris en charge)

Quatre ans de leur vie, racontés par des enfants et des adolescents des villes et des campagnes du Nigeria.

En 2004, nous avons étudié la santé mentale de 2 000 enfants et adolescents de la classe de cinquième jusqu'à la terminale (septième à douzième année de scolarité) dans le sud-ouest du Nigeria, à la fois dans des zones rurales et des zones urbaines, et nous avons fait quelques découvertes intéressantes sur les facteurs associés à la santé mentale et à ses troubles. Ce qui est rare, et qui fut difficile à accomplir, c'est que nous avons pu revenir quatre ans plus tard en 2008 et revoir quelques-uns des enfants et adolescents de cinquième et de quatrième (septième et huitième années de scolarité), qui étaient maintenant en première et en terminale (onzième et douzième années de scolarité). Nous avons identifié plusieurs types d'évolution pour mesurer la santé mentale de ces jeunes. Je vais seulement résumer nos résultats qui montrent la force d'impact de quelques facteurs clés sur la santé mentale des enfants dans cet environnement.

En revenant dans les écoles en 2008, seulement 39 % des élèves de cinquième et quatrième se trouvaient encore dans les mêmes écoles. Après enquête, il s'avéra que, tandis que certains avaient changé d'école, plusieurs avaient abandonné les études pour des raisons variées et que quelques-uns étaient morts.

Nous avons constaté que les changements dans l'état de santé mentale mesurés par la dépression, les troubles des conduites et l'utilisation de drogues étaient liés à trois changements clés dans le contexte de vie. Les enfants dont les parents n'étaient plus mariés ou ceux qui avaient dû travailler pour gagner de l'argent avaient les plus mauvais bilans, tandis que ceux qui faisaient part d'un plus grand attachement aux principes de leur religion avaient de meilleurs états de santé mentale.

Ces histoires se déroulent-elles de la même manière ?

Tandis que certains facteurs responsables de l'évolution dans ces histoires sont identifiables et mesurables, je crois que la plupart des facteurs sont tout simplement impossibles à quantifier. Chaque histoire vient renforcer le rôle du groupe de soutien primaire comme facteur déterminant pour la trajectoire de santé mentale, ce qu'ont aussi amplement prouvé plusieurs études EBM (médecine reposant sur des faits prouvés). En réalité, l'impact de la mort de leur mère sur des enfants, le départ soudain d'une personne qui prenait soin d'eux, le placement dans un foyer d'accueil ou une institution, l'obligation de travailler pour gagner sa vie à un âge précoce ou de vivre dans la rue ne sont pas quantifiables. De même, la vie en famille, avec l'entourage de toute la famille étendue, la protection offerte par une relation intime avec un jumeau, l'échange fréquent de visites et les pratiques religieuses jouent un rôle protecteur pour la santé mentale qui ne peut pas être mesuré sur une échelle. Cependant il existe des preuves de ce rôle protecteur.

Dans ces histoires, nous constatons une bonne santé mentale chez les enfants placés dans un environnement qui leur permet un attachement sécure à une personne prenant soin d'eux, comme on l'a vu dans les histoires des jumelles et des enfants placés dans une maison d'un Village SOS et au contraire nous constatons des résultats négatifs dans l'étude longitudinale quand la base de sécurité a été désorganisée.

Les enfants élevés en Afrique de l'Ouest se sont bien développés en dépit de nombreuses difficultés et les enfants placés dans les maisons de SOS Village qui avaient des problèmes de santé constatés à l'admission s'améliorent quelque peu. Serait-ce dû à des facteurs tels que des liens communautaires, des expériences culturelles positives, des modèles positifs et la participation à la vie communautaire, y compris les organisations religieuses offrant un facteur de protection et de guérison ? Qu'ils aient bénéficié des visites régulières de la famille et de la parentèle est aussi une possibilité. Les enfants d'Afrique de l'Ouest ont joui sans interruption des soins de leur mère tandis que deux des enfants de migrants ont été placés dans un foyer d'accueil pendant plusieurs mois, ce qui a rompu une relation d'attachement sécure.

Dans les situations de privation, quelle protection apportent des liens communautaires, des expériences culturelles positives, des modèles positifs, l'appartenance à des organisations communautaires, y compris les organisations religieuses, par rapport à une vie qui serait plus aisée mais privée de ces facteurs ? Quel est le rôle des communautés sur la santé mentale des enfants ? Les enfants de migrants ont vécu les conflits entre la culture de leurs parents et la société dans laquelle ils furent élevés. Cela pourrait-il être un facteur additionnel qui détermine leur propre trajectoire de santé mentale ?

Dans l'histoire longitudinale des enfants, un plus grand investissement de la religion est associé à de meilleures évolutions de la santé mentale. Ce fut peut-être un autre facteur utile pour les enfants d'Afrique de l'Ouest dont j'ai raconté l'histoire ci-dessus.

Que le travail des enfants soit associé à un état final de santé mentale médiocre confirme le besoin d'éradiquer cette pratique qui résulte d'un mélange complexe de pauvreté et de culture. Les enfants de l'étude longitudinale qui travaillaient ont moins bien évolué et le travail des enfants a été un facteur psychosocial de stress prédominant associé avec la « prise en charge ».

Chaque histoire révèle l'interaction complexe du génétique, du biologique et du psychosocial dans l'évolution de la santé mentale. Bien des questions restent sans réponse, comme la difficulté de quantifier le rôle de plusieurs soutiens communautaires, le rôle de la famille étendue, de visites non réglementées des amis et de la famille et la grande ressource de la religion qui constitue pour beaucoup de personnes un soutien dans les sociétés dépourvues de système social de protection (Omigbodun et Olatawura, 2008). Cependant, nous avons plusieurs réponses qui peuvent servir de point de départ pour construire des programmes pouvant garantir à chaque enfant la chance d'un développement psychologique optimal.

Je terminerai avec cette citation extraite du site de l'OMS : « Pourquoi traiter les gens sans changer ce qui les rend malades ? » (WHO/OMS, 2012). Et j'ajouterai ceci : « Pourquoi traiter les troubles des enfants sans changer ce qui provoque ces troubles ? »

RÉFÉRENCES

Adetunji J. et Bos E. R. (2006), « Levels and trends in mortality in Sub-Saharan Africa : An overview », *in* Jamison D. T., Feachem R. G., Makgoba M. W. *et al.* (éd.), *Disease and Mortality in Sub-Saharan Africa*, Washington D.C., World Bank ; 2de édition, chapitre 2, disponible sur http://www.ncbi.nlm.nih.gov/books/NBK2292/.

Engle P. L., Fernald L. C. H., Alderman H., Behrman J., O'Gara C., Yousafzai A., Cabral de Mello M., Hidrobo M., Ulkuer N., Ertem I., Iltus S. et le Global Child Development Steering Group (2011), « Strategies for reducing inequalities and improving developmental outcomes for young children in low-income and middle-income countries », *The Lancet*, 378, p. 1339-1353.

Hibbs A. M., Black D., Palermo L., Cnaan A., Luan X., Truog W. E., Walsh M. C. et Ballard R. A. (2010), « Accounting for multiple births in neonatal and perinatal trials : Systematic review and case study », *Journal of Pediatrics*, 156 (2), p. 202-208.

Omigbodun O. O. et Olatawura M. O. (2008), « Child rearing practices in Nigeria : Implications for mental health », *Nigerian Journal of Psychiatry*, vol. 6, n° 1 p. 10-15.

Richardson J. et Joughin C. (2002), *The Mental Health Needs of Looked After Children*, Londres, The Royal College of Psychiatrists.

Smits J. et Monden C. (2011), « Twinning across the developing world », *PLoS ONE*, 6 (9), e25239. doi:10.1371/journal.pone.0025239.

SOS-Villages d'enfants, SOS Children's Villages International (2012), « What we do », disponible sur www.sos-childrensvillages.org/What-we-do/Pages/default.aspx.

Walker S. P., Wachs T. D., Grantham-McGregor S., Black M. M., Nelson C. A., Huffman L., Baker-Henningham H., Chang S. A. M., Hamadani J. D., Lozoff B., Gardner J. M. M., Powell C. A., Rahman A. et Richter L. (2011), « Inequality in early childhood : Risk and protective factors for early child development », *The Lancet*, 378, p. 1325-1338.

World Health Organization/Organisation mondiale de la santé (WHO/ OMS) (1998), « Breast feeding and maternal tuberculosis », *Update*, Division of Child Health and Development. Disponible sur http://www.who.int/maternal_child_adolescent/documents/pdfs/breastfeeding_and_maternal_tb.pdf.

World Health Organization/Organisation mondiale de la santé (WHO/ OMS) (2005), *Child and Adolescent Mental Health Policies and Plans*, « Mental Health Policy and Service Guidance Package ». Disponible sur http://www.who.int/mental_health/policy/Childado_mh_module.pdf.

World Health Organisation/Organisation mondiale de la santé (WHO/ OMS) et Collaborative Study Team on the Role of Breastfeeding on the Prevention of Infant Mortality (2000), « Effect of breast-feeding on infant and child mortality due to infectious diseases in less developed countries : A pooled analysis », *The Lancet*, 355, p. 451-455.

Wulsin L. K. (1996), « An agenda for primary care psychiatry », *Psychosomatics*, 37 (1), p. 93-99.

Chapitre 3

Traitements pour l'esprit, traitements pour le cerveau : une seule et unique « médecine fondée sur les preuves » ?

BRUNO FALISSARD

Introduction

En 1992, le concept d'*evidence-based medicine* (EBM : médecine reposant sur des faits prouvés) a été présenté comme un nouveau paradigme pour la pratique de la clinique. Si la définition de ce concept n'est pas totalement stable au cours du temps, plusieurs auteurs l'ont présenté comme « l'utilisation des faits les mieux étayés par la science pour la prise de décision médicale » (Wikipedia, 2012), « le démantèlement des "silos" disciplinaires pour accélérer les transferts entre la recherche et la pratique clinique » (Zerhouni, 2005), ou encore « le développement d'un processus rationnel et explicite de décision médicale dans le but de réduire la part d'intuition et d'expertise clinique informelle et d'augmenter le recours aux plus grandes découvertes scientifiques » (Satterfield *et al.*, 2009).

La médecine fondée sur des faits prouvés est aussi souvent présentée par une métaphore graphique œcuménique où la décision médicale est le fruit d'une synthèse entre l'expertise clinique, les faits prouvés par la science et les préférences des patients :

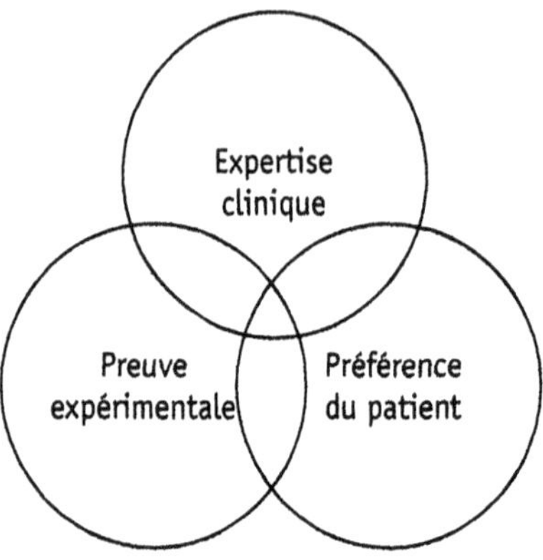

À bien y regarder, derrière cette présentation *a priori* fort raisonnable, se cachent possiblement des arrière-pensées nettement moins amènes. Par exemple, derrière la proposition que la science doive investir le domaine médical, on peut bien entendu y voir la poursuite d'une démarche relevant du progrès des connaissances et plus généralement des Lumières. En fonction du ton utilisé et des modalités d'application, on peut parfois se demander si certains ne pensent pas en fait que : « Les cliniciens vivent dans un univers médiéval où règne intuition et expertise informelle » ou que : « Les cliniciens doivent donc être mis sous tutelle des scientifiques ». Par ailleurs, on a souvent l'impression en psychiatrie, et en psychiatrie infanto-juvénile en particulier, que le mot « scientifique » désigne les personnes qui réalisent des essais contrôlés randomisés et des neurosciences (et notamment pas de sciences humaines et sociales) (Kendler, 2005). C'est peut-être pour canaliser ces interprétations négatives de l'EBM que différentes tentatives ont vu le jour. On pensera par exemple à des propositions davantage tournées vers le sujet et la société que vers les sciences « dures » comme l'« *evidence-based nursing* », l'« *evidence-based practice in psychology* », l'« *evidence-based social work practice* » ou encore une « *evidence-based public health* ».

La thèse défendue dans ce chapitre est que si l'EBM est incontestablement une approche intéressante pour faire évoluer positivement les pratiques médicales, l'EBM ne peut cependant pas prétendre représenter l'*étalon-or* de la connaissance médicale. Elle est finalement un outil parmi d'autres et ne devrait pas être considérée comme un Graal et *a fortiori* pas comme un totem. Nous verrons notamment que l'essai randomisé, pierre de touche de l'EBM, n'a pas la pureté méthodologique qu'on lui prête souvent.

Petite histoire du succès des essais randomisés

Aujourd'hui, la méthodologie de référence pour évaluer l'efficacité d'une thérapeutique est l'essai contrôlé randomisé en double aveugle. Dans ces essais, un médicament est comparé à un autre médicament ou à un placebo, chaque patient recevant un traitement à l'issue d'un tirage au sort. Les produits administrés doivent par ailleurs être identiques dans leur apparence de sorte que ni les patients ni les prescripteurs ne savent quel produit est administré. Pourquoi cette méthodologie, somme toute assez curieuse, est-elle devenue une telle référence ?

L'agence américaine du médicament, la FDA (Food and Drug Administration) a promu un travail historique sur l'évolution des modalités d'évaluation des médicaments aux États-Unis, ce travail est accessible sur le site de cette institution (U.S. Food and Drug Administration, 2010). Le premier résultat remarquable issu de ce travail est que la sécurité des médicaments a interpellé les autorités de santé bien avant l'efficacité. Ce sont les premiers scandales de santé publique qui sont à l'origine des règles de sécurité sanitaire mises en place par la FDA. Il s'agit notamment des scandales de l'*élixir de sulfanilamide* (1937), puis de celui de la *thalidomide* (1962). Il faut attendre 1970 pour que la FDA considère officiellement que « le succès commercial d'un médicament ne constitue pas en soi un élément de preuve suffisant pour évaluer la sécurité et l'*efficacité* d'un médicament[1] ».

Se pose alors la question : comment évaluer l'efficacité d'un médicament ? La sécurité était appréciée à partir d'un audit du *process* de fabrication des médicaments et à partir d'expériences réalisées sur l'animal (en utilisant éventuellement des posologies très élevées). Il est difficile d'appliquer la même méthodologie pour apprécier l'efficacité.

La FDA aurait pu alors choisir ou développer une méthodologie visant à évaluer l'intérêt de santé publique du médicament (par exemple par le biais d'un rapport coût/efficience). Ce n'est pas l'option qui a été retenue. La FDA s'est plutôt tournée vers le monde académique, et en particulier celui de la pharmacologie clinique. Or, là, depuis les années 1950, l'essai randomisé était l'outil standard.

Ce n'est d'ailleurs pas allé de soi. À partir de 1930 et la parution du livre de R. Fisher, *The Design of Experiments* (1951), il y avait une tension vive entre la randomisation (prônée par Fisher) et l'appariement (prôné par Student) (Hall, 2007). En fait il n'est pas possible de décider

---

1. C'est moi qui souligne.

objectivement, formellement, quelle approche est la plus pertinente. Globalement la randomisation protège davantage des faux positifs (c'est-à-dire de conclure à tort que deux traitements ont une efficacité différente, en termes statistiques on dit que le risque de première espèce est plus solide) alors que l'appariement protège des faux négatifs (la puissante statistique est augmentée). Il est apparu que la communauté académique a privilégié alors le risque de première espèce, donc la randomisation. Ce choix était particulièrement pertinent pour la FDA : les sommes d'argent en jeu dans l'univers du médicament et les pressions qui en résultent sont telles, que le risque de faux positif (mettre un nouveau produit sur le marché alors qu'il est inefficace, voire délétère) est bien plus difficile à contenir en pratique que le risque de faux négatif (rejeter un produit qui pourtant est efficace), ce qui est un fait.

Au total, c'est pour des raisons autant sociologiques que formelles et statistiques que la randomisation a été élevée au rang de méthodologie de référence. La randomisation est devenue un juge de paix entre les autorités de santé et les firmes pharmaceutiques. La randomisation est l'approche méthodologique la plus efficiente pour apporter une réponse claire à une question simple, et c'est exactement ce qui est attendu par les agences du médicament. Mais la randomisation a de nombreux inconvénients : les essais sont en général très coûteux, difficiles à implémenter (il n'est aisé ni pour un patient ni pour un médecin d'attribuer un traitement par hasard), ils ne permettent pas de répondre à la question : « Quelle est la meilleure façon de soigner *ce* patient ? », ils conduisent à des résultats en général peu généralisables (les patients et les médecins des essais ne sont pas semblables aux patients et aux médecins de « tous les jours », et c'est particulièrement vrai en psychiatrie infanto-juvénile).

L'essai randomisé versus *placebo* impose une certaine représentation du soin

Nous allons présenter ici une hypothèse qui explique comment, au fur et à mesure de leur entrée dans la modernité et dans l'ère industrielle, nos sociétés occidentales ont structuré leur façon d'envisager la prise en charge des personnes malades, souffrantes.

On peut imaginer que dans les sociétés primitives, les prises en charges intégraient de façon indifférenciée le soin (ici au sens du mot anglo-américain « *care* ») et la médication, souvent sous forme de plante :

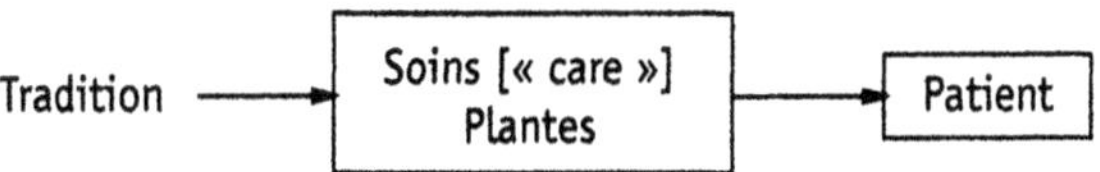

Sous la pression d'une pensée cartésienne et dualiste, ce soin englobant de façon indifférencié le corps, l'esprit, l'âme, voire les rapports avec les proches et le cosmos s'est clivé entre ce qui relève plus spécifiquement de la prise en charge du sujet (le *care*) et ce qui relève de la prise en charge du corps et des organes qui dysfonctionnent (les médicaments) :

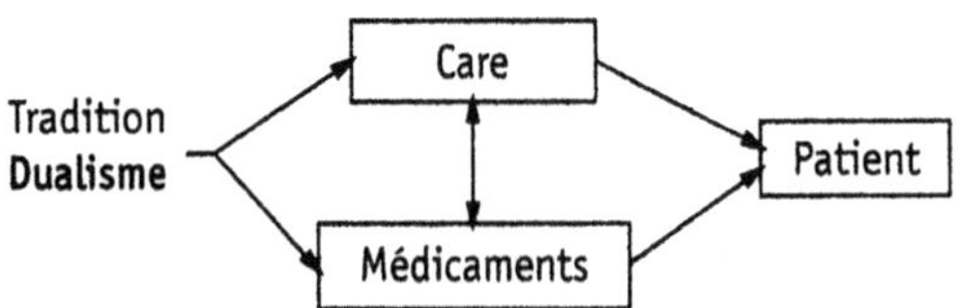

Sous l'influence de la pensée bernardienne, puis des exigences économiques, il est apparu nécessaire de différencier dans l'efficacité du médicament ce qui relève de l'effet spécifique de la substance ingérée, de l'effet symbolique et non spécifique du geste de prendre un médicament (ce que l'on désigne en général par le terme d'« effet placebo ») :

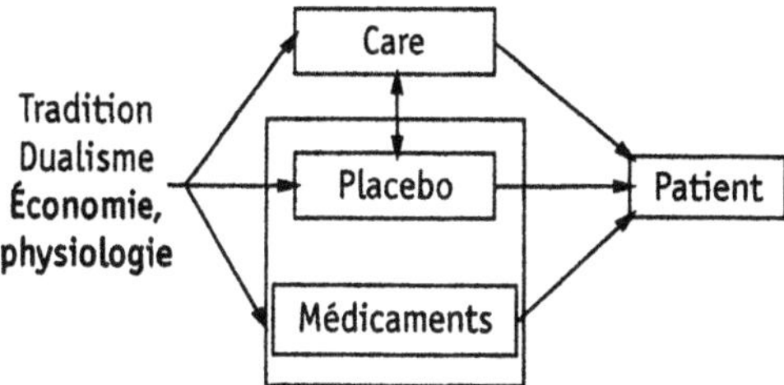

Dans le champ de la psychiatrie, une étape supplémentaire a été franchie. Le développement de la psychanalyse (en particulier) a conduit à différencier dans la prise en charge du sujet ce qui relève d'une bienveillance non spécifique (le *care*) de ce qui relève d'une action plus codifiée, inscrite dans un champ théorique fort :

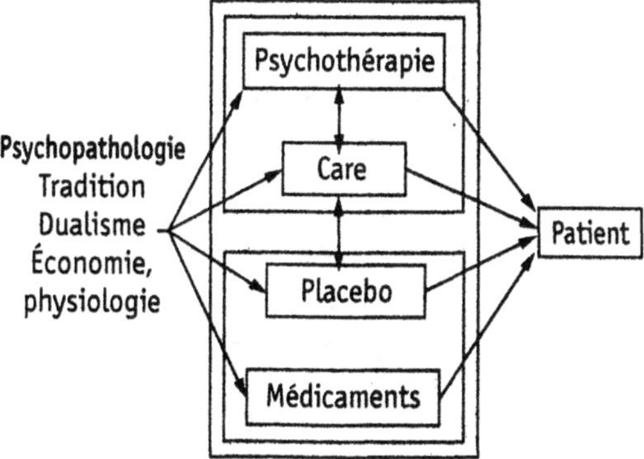

On remarquera à ce stade que l'immense majorité de l'EBM ne porte que sur la comparaison de médicaments entre eux ou sur la comparaison d'un médicament avec un placebo :

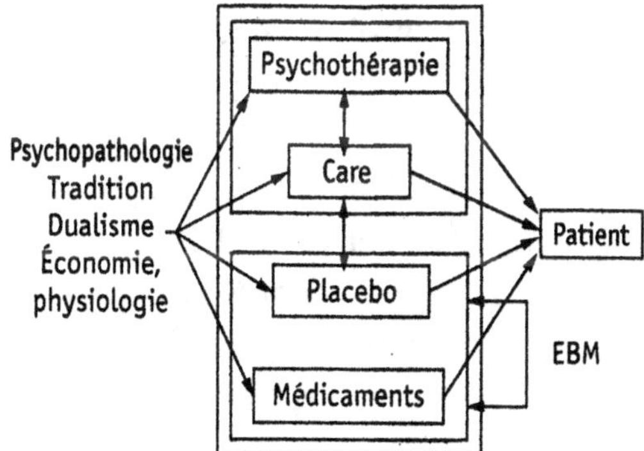

Il en découle notamment une cécité quasi complète, dans les revues médicales internationales, sur le rôle du praticien ou de l'interaction patient/praticien dans l'efficacité des prises en charge. L'EBM telle qu'elle nous est proposée aujourd'hui détermine ainsi implicitement des secteurs de soin plus sérieux que d'autres. Les pharmacothérapies sont devenues en quelque sorte l'aristocratie du soin. En psychiatrie infanto-juvénile, cela n'est pas sans conséquence quand on connaît l'importance du soin psychologique.

Conclusion

Nous venons de voir que l'EBM, bien que reposant sur une rationalité scientifique souvent considérée comme pure, est en fait une approche non exempte de présupposés sociologiques, voire anthropologiques. D'ailleurs, la notion de « préférence du patient », présente dès les origines dans le triptyque de l'EBM, n'est également pas neutre en termes sociologiques. Pourquoi la préférence du patient et non pas celle de ses proches ? Sûrement parce que nos sociétés occidentales sont des sociétés centrées sur le sujet, et non pas sur la famille ou la tribu, par exemple. Ici aussi, ce point est particulièrement important en psychiatrie de l'enfant et de l'adolescent.

Les faiblesses de l'EBM ne se limitent pas à cela. Dans la médecine « fondée sur des faits prouvés », qu'entend-on par « preuve » ? Selon l'*Encyclopædia universalis*, « une proposition est prouvée quand elle est établie par une méthodologie reconnue et qu'elle entraîne une croyance ». La preuve conduit donc, *in fine*, à une croyance, ni plus, ni moins. Nous sommes bien loin ici du caractère presque transcendant que prend parfois l'EBM.

Enfin l'EBM n'est pas dénuée d'enjeux : enjeux de pouvoir, enjeux académiques, culturels, de langage... En résumé, l'EBM n'est pas neutre.

Faut-il alors rejeter l'EBM ?
Non !

Non, à condition de connaître ces limites de l'EBM. Non, si l'on accepte l'idée que l'EBM n'est pas un totem.

L'EBM est la rencontre de deux mondes : la clinique et la science. La clinique est affaire de rencontre. Faire œuvre de science, c'est prendre le temps d'observer avec méticulosité. La clinique a besoin de science, car les cliniciens ont besoin d'être challengés dans leurs *a priori* et dans leurs représentations. Dans la relation médecin/malade, le patient a besoin que son médecin adopte une position sécurisante, or cette sécurité passe par un médecin qui se construit un univers de certitudes qui parfois l'empêchent de progresser. La science est là pour challenger ces certitudes.

Mais une science comme l'EBM n'est pas neutre. Et, d'une spécialité à l'autre, des ajustements sont nécessaires pour que l'EBM soit au maximum de son efficacité. En psychiatrie infanto-juvénile, du fait de l'importance et de la complexité toute particulière de l'environnement (famille, culture, religion), il y a fort à penser que l'ouverture à des méthodologies différentes soit une nécessité. Vers moins de protocoles randomisés et davantage d'études exploratoires, relevant de méthodologies qualitatives par exemple.

RÉFÉRENCES

Fisher S. R. A. (1951), *The Design of Experiments*, New York, Hafner Publishing Company.
Hall N. S. (2007), « R. A. Fisher and his advocacy of randomization », *J. Hist. Biol.*, 1er juin, 40 (2), p. 295-325.
Kendler K. S. (2005), « Toward a philosophical structure for psychiatry », *Am. J. Psychiatry*, 1[er] mars, 162 (3), p. 433-440.
Satterfield J. M., Spring B., Brownson R. C., Mullen E. J., Newhouse R. P., Walker B. B. *et al.* (2009), « Toward a transdisciplinary model of evidence-based practice », *Milbank Q.*, juin, 87 (2), p. 368-390.

U.S. Food and Drug Administration (2010), « About FDA : History »
    [consulté le 14 janvier 2013]. Disponible sur : http://www.fda.
    gov/AboutFDA/WhatWeDo/History/default.htm.
Wikipedia, the free encyclopedia (2012), « Evidence-based medicine »
    [consulté le 14 janvier 2013]. Disponible sur : http://en.wikipedia.
    org/w/index.php?title=Evidence-based_medicine&oldid=530094356.
Zerhouni E. A. (2005), « Translational and clinical science – Time
    for a new vision », *New England Journal of Medicine,* 353 (15),
    p. 1621-1623.

Chapitre 4

Trace et plasticité

Plasticité et homéostasie
à l'interface entre neurosciences et psychanalyse

PIERRE MAGISTRETTI ET FRANÇOIS ANSERMET

En guise d'introduction, nous discuterons deux points d'intersection proposés comme un dialogue entre neurosciences et psychanalyse : la plasticité neuronale et l'homéostasie.

Plasticité et discontinuité

La plasticité neuronale peut être définie comme la capacité du cerveau à être modifié à travers l'expérience. Au cours des trente dernières années, les données de la neurobiologie expérimentale ont révélé les principaux mécanismes moléculaires et cellulaires de la plasticité (Alberini, 2009 ; Kessels et Malinow, 2009). Ainsi, les variations de l'efficacité et de la structure synaptiques, conduisant à des réarrangements structuraux, sont les processus fondamentaux de la plasticité neuronale. Dire que l'expérience laisse une trace dans le réseau neuronal n'est pas faux, puisque effectivement ces modifications microstructurelles se produisent au niveau de ces synapses. Dans notre livre *Biology of Freedom* (Ansermet et Magistretti, 2007), nous avons discuté de façon détaillée comment, par des mécanismes de plasticité, le sujet développe sa personnalité à travers l'expérience, ouvrant ainsi la voie à l'émergence de la singularité.

Par des mécanismes de plasticité, l'expérience laisse une trace. Cette trace correspond à un modèle de synapses facilitées, également appelées « assemblées de neurones », qui rassemblent les neurones correspondant à une expérience ou à un objet de la réalité externe. La réactivation de ces assemblées de neurones peut en quelque sorte reproduire l'expérience originale. La question reste cependant ouverte de savoir comment la réactivation de ces complexes synaptiques facilités produit des représentations ou des images mentales. Quelle que soit la raison, ces traces, qui sont enregistrées au fil du temps de manière diachronique, participeront à la production de la singularité de chaque individu.

Les premières inscriptions d'une trace sous la forme de synapses facilitées sont en relation directe avec l'expérience ou la perception qui a produit l'expérience. Chacune de ces assemblées de neurones encode une expérience particulière, en lien direct avec elle. Les éléments de ces traces peuvent se réassocier pour former de nouvelles traces, qui n'ont pas de lien direct avec les expériences ou les perceptions initiales. Ces nouvelles assemblées de neurones comprennent des éléments des premières. Ces réassociations des traces existantes s'intègrent dans de nouvelles assemblées de neurones. Cette nouvelle association de traces est susceptible d'être induite par le processus de reconsolidation (Alberini, 2011). Contrairement aux traces primaires, qui restent en relation directe avec l'expérience, la réassociation de traces et le processus de reconsolidation impliquent que les nouvelles traces ne sont plus en relation directe avec l'expérience, même si elles sont dérivées de ces traces initiales.

Ces considérations révèlent un paradoxe qu'implique la plasticité : l'inscription de l'expérience à travers la réassociation de traces, sépare ces dernières de l'expérience, ce qui crée une discontinuité. La réassociation de traces donne un degré de liberté essentiel pour qu'émerge la singularité. En fait, si toutes les traces étaient inscrites une fois pour toutes, sans réassociation, les mécanismes de plasticité seraient extrêmement déterministes ; mais la discontinuité introduite par la réassociation de traces ouvre la possibilité de l'émergence du sujet, conduisant à son inévitable singularité.

Nous devons donc envisager une biologie de la discontinuité, émergeant de la réassociation de traces, dont nous postulons qu'elle contribue à la création de l'inconscient. Plus précisément, nous avançons que le mécanisme de réassociation de trace peut produire ce que Freud a désigné comme le troisième inconscient (Freud, 1923, p. 13-18), un inconscient produit non pas par le refoulement mais par un autre processus, inconnu de Freud. La figure 1 propose une distinction entre les différents types d'inconscients : l'un désigné par Freud comme « *Unbemerkt* », produit par des traces qui sont directement inconscientes – correspondant au préconscient freudien et éventuellement à l'inconscient cognitif (IC) des neurosciences cognitives contemporaines (Dehaene *et al.*, 2006 ; Kihlstrom, 1987) – et un autre, le « *Unbewusst* », défini comme l'inconscient freudien (IF), produit par deux mécanismes : le refoulement et la réassociation de trace.

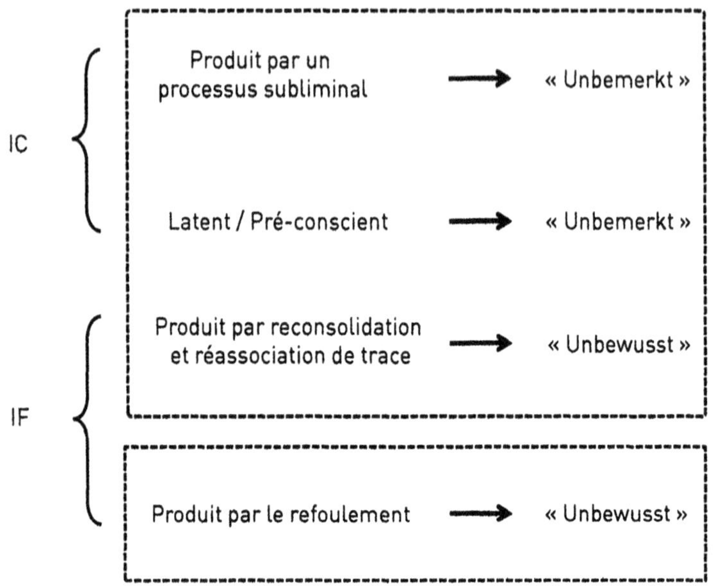

Trace et homéostasie

Le second point que nous souhaitons introduire est celui de l'homéostasie et de ses états somatiques. Dès le XIXe siècle, dans sa théorie des émotions, William James propose que les perceptions, notamment celles à contenu émotionnel, sont associées avec un état corporel particulier (James, 1890). Antonio Damasio a récemment réélaboré cette théorie et introduit la notion de « marqueurs somatiques » dans le processus de prise de décision (Damasio, 1994). En effet, il est probable que les traces inscrites, à la suite d'une perception ou d'une expérience, soient liées aux traces et « marquent » ainsi les traces nouvellement créées.

Les circuits neuronaux qui permettent l'association des états somatiques à une perception sont connus. Ainsi, une perception induite par les systèmes extéroceptifs (visuel, auditif, somato-sensoriel) vient activer les aires corticales sensorielles primaires correspondantes, parallèlement à l'amygdale, qui à son tour envoie des projections vers les centres effecteurs neuroendocriniens (notamment l'hypothalamus) et vers le système nerveux autonome. Cette activation se traduit par des modifications de l'état somatique, détectées par le système intéroceptif, qui converge vers l'insula et le cortex cingulaire antérieur (Craig, 2003, 2009). Grâce à ces mécanismes, la réalité externe et les états somatiques sont associés, par les systèmes extéroceptifs et intéroceptifs respectifs. Ainsi, la trace de l'expérience et l'état somatique deviennent associés.

Les traces de l'expérience et la représentation des états somatiques associés sont donc liées. La réalité interne inconsciente, produite par la réassociation de traces, sera ainsi constituée de ces associations.

Dans la théorie psychanalytique, la notion de pulsion, qui représente un concept à la limite entre éléments somatiques et éléments psychiques (Freud, 1915, p. 122), pourrait correspondre à cette association entre la représentation et les états somatiques. L'activation d'une représentation par un stimulus externe ou interne peut également activer l'état somatique avec lequel elle est associée. L'homéostasie doit donc être rétablie. En termes psychanalytiques, cette pulsion homéostatique pourrait correspondre à la notion même de pulsion.

Le rétablissement de l'équilibre homéostatique par la décharge de la pulsion peut impliquer des actions qui interfèrent avec la réponse du sujet et moduler l'acte. Cette modulation pourrait être négative, voire destructrice, ou positive et créative.

La réalité inconsciente, constituée de représentations associées à des marqueurs somatiques, fait donc partie intégrante de la vie psychique du sujet. Pour aller vite, le modèle que nous proposons implique un sujet constitué d'une réalité interne consciente et d'une réalité interne inconsciente, les deux étant composées à partir de traces associées aux marqueurs des états somatiques qui étaient présents lors de l'expérience originale. Antonio Damasio, dans sa théorie des marqueurs somatiques, a montré l'importance de l'anticipation de l'état somatique pour la prise de décision (Damasio, 1994). Nous proposons d'adapter cette notion à la réalité interne inconsciente. Dans ce cas, la pulsion homéostatique, qui résulte de l'association d'un état somatique avec une représentation, produit l'acte. Les conséquences de cet acte seront perçues par le sujet et peuvent le surprendre de façon inattendue, car elles proviennent de sa vie psychique inconsciente.

La trace, un lien entre neurosciences et psychanalyse

La notion de trace est centrale dans la psychanalyse. Freud a défini la première trace laissée par l'expérience comme étant le « signe de la perception » (*Warnehmungszeichen*, comme il l'a désignée dans sa célèbre lettre à Fliess du 6 décembre 1896 [Freud, 1896]). Lacan revient à cette notion de « signe de la perception » en lui donnant ce qu'il a désigné comme « son vrai nom : le signifiant » (Lacan, 1964, p. 46).

C'est dans ce contexte que nous devons nous poser la question du lien entre la trace et l'état somatique. L'expérience de satisfaction définie par Freud (Freud, 1895, p. 317-321) est un exemple paradigmatique de cette connexion et constitue un point cardinal de la théorie psychanalytique. Ce qui était frappant pour Freud, depuis le début de *L'Esquisse*, était l'idée qu'un organisme seul ne peut pas libérer l'excitation qui est en lui, simplement par lui-même : il a besoin de l'action de l'Autre. En effet, le nouveau-né humain est le plus néoténique de tous les animaux. Le nouveau-né arrive donc dans ce monde dans un état de détresse (*Hilflosigkeit*), qui nécessite l'intervention de l'Autre à travers une action spécifique. Au début, il y a donc détresse et nécessité de réponse de la part de l'Autre. Sans cette action spécifique, le nouveau-né est submergé par l'excitation, qui est inextricablement associée à la matière vivante, en d'autres termes à ses états somatiques. Ces états somatiques ne sont pas encore liés à une représentation. Il est donc soumis à un potentiel de destruction de la part de l'excédent de matière vivante. Ainsi, il est submergé par cette excitation, venue de son organisme, qui n'est pas associée et donc tamponnée par des représentations. Ce n'est que l'acte de l'Autre (le *Nebenmensch*) qui permet à l'organisme de se décharger de cette excitation basée sur l'excédent de matière vivante et de faire passer cet état de déplaisant à plaisant. Cette décharge se traduit par l'inscription d'une trace liée à un état somatique.

Dans ce passage de la détresse au plaisir, on peut déduire que la fonction homéostatique de la trace est présente. La trace permet le traitement de l'excès de matière vivante qui habite le nouveau-né. Au début, il y a le cri, un cri sans signification, sans langage. Ce cri est transformé en un appel, une demande, par la réponse de l'Autre. Cette action de l'Autre permet au sujet d'entrer dans le monde du langage qui lui préexistait (Lacan, 1961, p. 568-569). Ce processus aboutit à une connexion, complexe à conceptualiser, entre la matière vivante et le langage. Ainsi, le langage est un élément de survie, permettant l'association d'un état somatique à une trace, élément clé du processus homéostatique. Pourtant le langage interfère avec la matière vivante, tout autant que la matière vivante interfère avec le langage. Le langage est donc nécessaire à l'homme, non seulement par sa fonction de communication et de représentation, mais aussi grâce à sa fonction de traitement du lien entre matière vivante, plaisir et déplaisir.

Paradoxes et plasticité

Les phénomènes biologiques liés à la plasticité ont pour résultat une série de paradoxes. Nous avons déjà présenté un de ces paradoxes : l'inscription de l'expérience, à travers la réassociation de traces, sépare de l'expérience. Un deuxième paradoxe est le fait que des mécanismes universels de plasticité ont pour résultat de produire des individus uniques. Un troisième paradoxe peut également être identifié : un « changement permanent » est potentiellement induit par le phénomène de plasticité.

La plasticité nous amène donc à réfléchir à la possibilité d'un changement permanent. On pourrait dire que nous n'utilisons jamais le même cerveau deux fois. Ce paradoxe pourrait être formulé de la manière suivante : le sujet serait biologiquement déterminé pour ne pas être totalement déterminé biologiquement, c'est-à-dire pour être aussi capable de recevoir l'influence de l'Autre, la contingence. On peut même pousser plus loin l'argumentation et considérer que les humains sont biologiquement déterminés à être libres.

Il semblerait donc opportun de réfléchir aux conséquences de ce paradoxe de la plasticité : même si la plasticité peut être considérée comme un processus hautement déterministe, où tout est inscrit, tout est conservé, ce qui implique une idée de continuité, d'un autre côté les mécanismes de plasticité confèrent une discontinuité, dans laquelle tout peut toujours être transformé. La question du déterminisme doit être réexaminée à la lumière de la plasticité, ce qui nous oblige à considérer simultanément le déterminisme et l'imprédictibilité.

Dès lors, comment devrions-nous penser le fait que tout est en même temps conservé et modifié ? Pour aborder cette contradiction, il est nécessaire d'introduire la question du temps et d'envisager l'inscription de traces diachroniques et la possibilité de leur association synchronique. L'inscription diachronique coexiste ainsi avec la possibilité de nouvelles associations ou de traces de réassociations synchroniques, qui produit immédiatement quelque chose de nouveau, quelque chose de différent. Nous aurions alors une diachronique non déterministe, en raison de la discontinuité résultant de la trace de réassociation synchronique. La notion de plasticité nous oblige à repenser la relation entre diachronie et synchronie, entre structure et événement, donnant accès au changement, à la discontinuité.

Discontinuité et singularité

En conclusion, à partir de la plasticité – qui pourrait être considérée, à première vue, comme un phénomène déterministe impliquant une continuité entre l'expérience et ses effets – émerge une vision différente du déterminisme classique et d'une causalité linéaire naturelle. En effet, la plasticité peut également produire de la discontinuité. La plasticité, avec l'ensemble des paradoxes que nous avons identifiés – à savoir que l'inscription de l'expérience sépare de l'expérience, que les mécanismes universels de la plasticité aboutissent à quelque chose qui est unique, que tout est ouvert à un changement permanent –, donne au sujet une place, en fonction de ses choix, de ses réponses, toujours singulière et imprédictible.

Le sujet et l'inconscient procèdent de la discontinuité. Le sujet n'est pas simplement le résultat de traces inscrites par l'expérience : il contribue également à leur inscription. La biologie de la plasticité, à travers la discontinuité, ouvre un espace de non-détermination qui permet au sujet d'être l'auteur et l'acteur de son propre avenir, au-delà de ce qui le détermine, au-delà des programmes qui régissent son développement. Pour nous, la notion de devenir est essentielle et va bien au-delà du développement. Le processus de devenir résulte de la discontinuité et de la contingence, tandis que le développement est le produit de la continuité et de la nécessité.

La discontinuité est offerte au sujet par sa propre biologie, qui le laisse ouvert à l'incidence de la contingence et à la possibilité de produire un acte qui lui est propre, singulier, qui se situe au-delà de la causalité action-réaction, par une interaction permanente entre diachronie et synchronie, des erreurs, des surprises et des créations, parfois produites par le langage.

Conclusion

Nous postulons qu'aujourd'hui les neurosciences et la psychanalyse se rapprochent d'une façon nouvelle et imprévue, autour de l'incontournable question de la singularité et de l'émergence de l'unique.

RÉFÉRENCES

Alberini C. M. (2009), « Transcription factors in long-term memory and synaptic plasticity », *Physiological Reviews*, 89, 1, p. 121-145.

Alberini C. M. (2011), « The role of reconsolidation and the dynamic process of long-term memory formation and storage », *Frontiers in Behavioral Neuroscience*, 5, 12, doi:10.3389/fnbeh.2011.00012.

Ansermet F. et Magistretti P. (2007), *Biology of Freedom. Neural Plasticity, Experience, and the Inconscious*, New York, Other Press.

Craig A. D. (2003), « Interoception : The sense of the physiological condition of the body », *Current Opinion in Neurobiology*, 13, 4, p. 500-505.

Craig A. D. (2009), « How do you feel now ? The anterior insula and human awareness », *Nature Reviews Neuroscience*, 10, 1, p. 59-70.

Damasio A. R. (1994), *Descartes' Error. Emotion, Reason, and the Human Brain*, New York, Putnam. *L'Erreur de Descartes. La raison des émotions*, Paris, Odile Jacob, 2006.

Dehaene S., Changeux J.-P., Naccache L., Sackur J. et Sergent C. (2006), « Conscious, preconscious and subliminal processing : A testable taxonomy », *Trends Cogn. Sci.*, 10, 5, p. 204-211.

Freud S. (1895), « Project for a scientific psychology », *in* J. Strachey (éd.), *The Standard Edition of the Complete Psychological Works of Sigmund Freud*, Londres, Hogarth Press, 1966, vol. I, p. 281-397.

Freud S. (1896), « Letter to Wilhelm Fliess, December 6, 1896 », *in* J. M. Masson (éd.), *The Complete Letters of Sigmund Freud to Wilhelm Fliess : 1887-1904*, Cambridge (Mass.), Harvard University Press, 1985, p. 207-215.

Freud S. (1915), « Instinct and their vicissitudes », *in* J. Strachey (éd.), *The Standard Edition of the Complete Psychological Works of Sigmund Freud*, Londres, Hogarth Press, 1957, vol. XIV, p. 109-140.

Freud S. (1923), « The ego and the id », *in* J. Strachey (éd.), *The Standard Edition of the Complete Psychological Works of Sigmund Freud*, Londres, Hogarth Press, 1961, vol. XIX, p. 1-66.

James W. (1890), *The Principles of Psychology*, New York, H. Holt and Company.

Kessels H. W. et Malinow R. (2009), « Synaptic AMPA receptor plasticity and behavior », *Neuron*, 61, 3, p. 340-350.

Kihlstrom J. F. (1987), « The cognitive unconscious », *Science*, 237, 4821, p. 1445-1452.

Lacan J. (1961), « Remarks on Daniel Lagache's presentation : "Psychoanalysis and personality structure" », *in Écrits. The First Complete Edition in English*, New York, W. W. Norton, 2006, p. 543-574.

Lacan J. (1964), *The Four Fundamental Concepts of Psycho-Analysis*, Londres, Hogarth Press, 1977.

Chapitre 5

Regard, langage et subjectivité : comment le cerveau d'un enfant peut-il dire « je » ?

DANIEL MARCELLI

Quand on demande aux parents à quel âge leur enfant a commencé à dire « je », ils ont beaucoup de mal à donner une date précise. Pourtant le « je » peut incontestablement être tenu pour la marque symbolique de la subjectivité naissante. Comment le cerveau de l'enfant parvient-il à dire « je », à se reconnaître lui-même dans une singularité réflexive ? Si, incontestablement, la capacité de parler réside dans le cerveau, la langue n'y est pas : elle est une propriété commune du groupe social. Par l'analyse attentive des interactions langagières précoces, notre propos est d'avancer quelques hypothèses concernant la transfusion progressive du langage dans le cerveau de l'enfant.

Deux remarques préliminaires sont indispensables. On ne peut pas étudier le développement précoce du langage sans prendre en considération les regards que partagent le bébé et l'adulte le tenant dans ses bras. Deux phénomènes sont très exceptionnels : 1° Les êtres humains sont, parmi les mammifères carnassiers, les seuls à pouvoir se regarder durablement les yeux dans les yeux sans que ce regard focal ne déclenche un comportement d'attaque. 2° L'intérêt pour le regard et le visage humain apparaît dès la naissance et le bébé ne présente pas de phénomène d'habituation, contrairement à toutes les autres stimulations perceptivo-sensorielles. De mon point de vue, ces deux exceptions ne sont pas réellement prises en compte dans les théories du développement précoce.

La naissance : le premier regard, celui de l'illusion subjective

Dès la naissance, voici ce que déclare un obstétricien, attentif aux interactions précoces : « Si on laisse l'enfant et les parents tranquilles, leurs comportements sont assez stéréotypés pendant les deux premières heures. Le nouveau-né, après une période de repos en état de veille calme pouvant durer quelques minutes, commence une activité oculomotrice impressionnante. *Même si le sein est à portée de sa bouche*, il sera d'abord beaucoup plus intéressé par le visage de sa mère et surtout par ses yeux : le regard du nouveau-né devient concentré, intense, profond, avec un maximum vers 20 minutes de vie... » Soulignons cette remarque : « même si le sein est à portée de sa bouche... » Le besoin d'accrocher le regard d'un autre humain semble préempter sur toute autre attitude, y compris la tétée.

À la naissance, la fonction visuelle n'est pas totalement parvenue à maturité. Les réflexes de contraction pupillaire et d'accommodation ne seront efficients que vers 4 ou 5 mois. Pour autant le bébé peut voir à condition que la cible soit à 20-25 centimètres de sa rétine. Le bébé a donc un « regard » en mydriase naturelle qui constitue un attracteur puissant pour le regard d'un adulte.

Inversement, le regard de l'adulte attire le regard du nouveau-né et le stabilise. Devant le regard « grand ouvert » de son bébé, la mère pose aussitôt ses yeux sur ceux du bébé et se met à rêver, elle « envisage » son bébé, lui donne visage humain, et l'introduit dans le champ des relations humaines. Symétriquement, le regard du bébé, en restant ainsi posé dans les yeux qui le regardent, fonde chez cette femme le sentiment de devenir *la mère de ce bébé*. Cette accroche, les yeux dans les yeux, dès la naissance éveille, en miroir, une double illusion subjective : la mère regarde ce nouveau-né encore informe comme un être humain à part entière ; le regard du bébé consolide chez cette femme sa subjectivité de mère.

L'attention partagée
ou le temps des premiers « tu »

Ce « premier regard » va se poursuivre au cours du premier trimestre par des moments d'attention partagée. Mère et bébé se regardent régulièrement les yeux dans les yeux et se « parlent », le visage parental imite alors en miroir les expressions mimiques du visage du bébé ! Mais en outre le parent adresse un commentaire sur le sens supposé de cette mimique que son propre visage imite mais de façon déformée, amplifiée : le visage de l'adulte exacerbe et caricature l'émotion hypothétique attribuée au bébé. Par le processus de l'imitation croisée, cette mimique quelque peu forcée sur le visage parental peut entraîner une imitation secondaire, elle aussi forcée, sur le visage du bébé. Si au début le bébé n'a pas conscience de l'expression mimique sur son propre visage, son système de neurones miroirs en est informé par l'observation du visage parental. Dans un second temps, la réponse « forcée » sur le visage du bébé est probablement de nature à faciliter chez celui-ci une prise de conscience de sa propre mimique d'autant que cette réponse forcée est « récompensée » par les exclamations joyeuses (quand le bébé sourit) ou graves (quand le visage du bébé se crispe) de cet adulte qui lui parle. En effet, le discours parental communique à l'enfant le sens affectif de cette expression, il la reconnaît, la lui attribue et la lui « offre ». En donnant sens à cette mimique, l'adulte attribue une « intention sur une intention », ce que les cognitivistes appellent une intention de second niveau (une méta-représentation) : « tu » souris *parce que* tu es content ! « Tu » fais la grimace *parce que* tu es soucieux ! Il est habituel d'ailleurs que la prosodie parentale mette l'accent tonique sur le « tu » : « Oh ! *Tu* souris, *tu* es content ! », comme pour mieux souligner que ce bébé est l'agent actif non seulement de l'acte moteur visible sur son visage, mais aussi de l'acte affectif et cognitif imaginé dans son psychisme. Le partenaire adulte « suppose » l'existence chez ce bébé d'une émotion qu'il reconnaît, nomme et parfois même éprouve de façon discrète. J'appelle cet échange « interprétation attributive identifiante », car l'adulte « interprète » la mimique, l'identifie et l'attribue à ce bébé qui en devient le sujet. Englobant le tout, il la nomme et lui donne un sens. Ce bébé tourné vers l'autre, semble attendre quelque chose qui n'est pas encore défini, porteur de sens. Il est plutôt dans « une attente insensée », une attente qui ne sait pas encore ce qu'elle attend. Entre ces deux êtres humains, à ce stade du développement, la dimension du sens n'est pas réciproque, mais au contraire transférée, transfusée de l'un à l'autre. Le cerveau d'un bébé est certes formé pour recevoir du sens (des méta-représentations), mais il est peu probable qu'un lien *préexiste* entre le câblage neuro-synaptique initial et le sens qui y sera déposé.

L'attention conjointe
ou l'introduction du « il/elle »

Dans le cours du second trimestre de vie, puis de plus en plus fréquemment à partir de 4-5 mois, précisément quand le réflexe d'accommodation visuel devient mature, la mère introduit un « objet » tiers entre son regard et le regard du bébé : sa main (jeux de marionnettes) d'abord, un véritable objet ensuite, doudou, hochet... On observe un ballet de regards : mère et bébé se regardent, puis le regard de la mère se détourne en direction de l'objet, le regard du bébé, *porté par ce détournement*, se fixe sur l'objet, mère et bébé regardent l'objet jusqu'à ce qu'un des deux partenaires se détourne de l'objet (souvent le bébé d'abord) pour quêter à nouveau le regard du partenaire, etc. Par ce manège, elle semble porter, étayer le regard et l'attention de son bébé qu'elle pilote et soutient. De surcroît, elle y prend plaisir ! En outre, quand le bébé regarde l'objet, la mère en profite pour offrir à son bébé les mots qui caractérisent l'objet : elle en décrit abondamment les qualités (formes, couleurs, bruits, beauté, douceur, etc.). Le bain de mots porté par le paysage émotionnel que nous avons décrit à la phase précédente signifie soudain autre chose, quelque chose qui se détache de la personne pour s'attacher à cet objet du monde... Si, dans câ la phase précédente, celle de l'attention partagée, la mère s'adressait essentiellement au bébé : « Tu souris, tu es content », dans cette phase d'attention conjointe, le discours de l'adulte se décentre du bébé pour se centrer sur l'objet en introduisant le « il/elle » : « Tu as vu le hochet, *il* est beau… » Le discours parental joue désormais de cet écart entre le « tu » et le « il/elle ».

Ainsi, l'attention conjointe constitue le paradigme d'une ouverture au monde : le regard du bébé est prêt à investir ce que le regard de l'adulte lui indique. En étayant l'investissement d'attention du bébé, ce dernier lui « apprend » à se concentrer sur un objet unique et digne d'intérêt.

Le passage du pointage proto-impératif au pointage proto-déclaratif, l'appropriation par l'enfant du « il/elle »

Avec l'âge, la mère ne se contente plus de montrer l'objet qu'elle tient en main mais commence à « piloter » le regard de l'enfant vers un objet plus éloigné qu'elle montre du doigt. En effet, c'est d'abord le parent qui pointe volontiers du doigt : « Là ! Regarde ! Tu vois, c'est… » Le regard de l'enfant fixe l'objet, puis revient vers les yeux de sa mère et l'interroge du regard. Ce « pointage parental » précède le temps suivant. Rapidement, vers l'âge de 6-8 mois, l'enfant devient actif, surtout s'il veut un objet hors de sa portée. Il le regarde et tend sa main pour essayer de l'attraper. Mais avant de le lui donner, sa mère l'interroge : « Tu veux ton doudou ? » Pourquoi lui demande-t-elle cela puisqu'elle le sait ? Cela sert à donner le mot avant l'objet, mais aussi à encourager le bébé à détourner ses yeux de l'objet vers le regard maternel, pour ensuite regarder de nouveau l'objet. Encore une fois, il y a un ballet des regards, et l'accroche les yeux dans les yeux fonctionne comme une ponctuation/accordage de l'échange : l'intention est comprise, énoncée, partagée. Il est probable que le sens du geste n'existait pas au préalable chez le bébé, mais il lui est révélé, transféré et transfusé par les propos du parent.

Dans cette séquence si le bébé agit la part proto-impérative, la mère transfuse et transfert à son bébé la part déclarative. La mère *répond* au geste de son bébé, mais de façon décalée : elle ne donne pas immédiatement l'objet ! Elle ouvre un espace transitionnel en répondant par une question. La mère efface sa propre motricité, sollicite le regard du bébé et l'expression de son visage « réfléchit ce qui est là pour être vu » (Winnicott), le désir du bébé. Ce faisant, elle transfère et transfuse la reconnaissance de l'intention désirante, ouvrant chez son bébé dans l'en deçà du geste, l'espace d'une représentation psychique partagée, une représentation qui concerne un objet extérieur aux deux membres de la dyade. Le passage du pointage proto-impératif, rencontré chez les primates supérieurs et qui est essentiellement motivé par un besoin primaire, au pointage proto-déclaratif, spécifique des êtres humains et sans autre objectif que le plaisir de partager un objet mental, est-il uniquement sous la dépendance d'un programme génétique particulier ? Résulte-t-il d'une simple acquisition génétique ? Y a-t-il un gène du pointage proto-déclaratif ? L'origine de ce pointage proto-déclaratif n'est-elle pas plutôt du côté du « psychisme » ? En nommant l'objet vers lequel la main du petit enfant est tendue, le parent non seulement donne à l'enfant le nom de l'objet, mais en outre il attire l'attention de ce petit enfant, croise son regard, reconnaît son intention, la valide, et formule une intention de second niveau : « Tu *veux* ton nounours ? » (Sous-entendu : « Tu tends la main *parce que* tu désires cet objet »). Par ces propos, l'adulte transfère et transfuse chez l'enfant la représentation idéique du geste : les êtres humains ne font pas qu'agir (tendre la main et prendre), ils pensent leurs actions (j'ai envie de...), ils peuvent se représenter la motivation de leurs actes. Par ce commentaire, l'adulte au contact de l'enfant « psychise » le geste, il transforme un acte purement moteur en action mentale.

De l'acte moteur à l'action mentale : nommer l'intention

Par cette transformation silencieuse, la mère installe dans le cerveau de son enfant une méta-représentation dont le sens vient nécessairement du dehors. Ce sens n'est pas inscrit initialement dans le câblage neurosynaptique cérébral : il s'inscrit progressivement au cours de ces échanges ponctués par les partages de regards. Seuls ces derniers permettent d'accéder à la compréhension d'une situation, d'en partager le sens.

Lors du pointage proto-impératif, l'enfant n'est pas laissé seul face à sa détresse fondamentale liée à son incompétence motrice initiale. Le besoin de l'enfant est reconnu avant d'être satisfait, transformé en désir par cette énonciation parentale, prélude à la reconnaissance par l'enfant de son propre désir, à la capacité de le mentaliser ! Si ce jeune enfant ne peut pas déjà dire « je », en revanche par ces propos l'adulte lui prête une intentionnalité, allons jusqu'à dire une agentivité. Quelques semaines plus tard, le bébé tend la main vers un objet de convoitise et cherche du regard l'adulte de confiance. Le pointage « proto-déclaratif » est installé, il représente un « prérequis » indispensable à l'apparition d'un langage communicationnel. Au début, c'est la mère qui nomme l'objet, puis l'enfant le nomme à son tour. Ce pointage ne sert à rien, pourtant tous les adultes au contact d'enfant de cet âge y « jouent ». Socle fondateur de la théorie de l'esprit, le pointage sert précisément à partager un intérêt commun sur un objet du monde et à relier grâce au fil immatériel des regards le désir, l'intention, le geste, le mot et l'objet dans un ensemble cohérent porteur de sens. Le monde devient à la fois intelligible et pensable. Mais au-delà de ce partage, le pointage proto-déclaratif soutient en même temps une double reconnaissance chez l'enfant, celle de son désir et celle de l'écart entre sa main et l'objet. Il symbolise le paradoxe d'un gain qui repose sur l'acceptation d'une perte. Le gain est celui du symbole, la capacité à nommer ce désir, la perte celle de l'omnipotence par le fait d'accepter sa propre limite. Sur ce paradoxe, l'aire transitionnelle de la créativité peut se déployer en particulier grâce aux jeux de faire semblant.

Le jeu du faire semblant...
ou le jeu sur le « je »

En effet, peu après, apparaissent les jeux de faire semblant. Ce « tout petit » se met à jouer : il donne à manger à son poupon, le couche, le fait participer aux actes de la vie quotidienne. Ce petit enfant est alors capable de se décentrer de lui-même pour, temporairement, être un « autre que lui-même », ce bébé qu'il était il y a peu, ou cette mère qui lui donne encore ce biberon. Or, pour aller ainsi vers un autre que soi-même, il faut certes que cet autre habite en soi, mais il faut aussi que ce soi-même commence à avoir un minimum de consistance, ne serait-ce que pour pouvoir le retrouver après s'en être éloigné. Il faut que l'enfant puisse se représenter son intention... Même si cette image de soi n'est pas tout à fait pensable par ce tout jeune enfant, car il n'est pas encore parvenu à la capacité réflexive de se penser soi-même, il n'en reste pas moins que pour quitter temporairement ce soi et jouer à être un autre que soi, il faut que cet écart ait été investi. Le jeu du « faire semblant » est un jeu sur cet écart, un jeu sur le « je » ! Au début du jeu de faire semblant, l'enfant joue « sérieusement » à donner le biberon sans introduire nul écart, rupture ou refus. Bien que silencieux ou se limitant à quelques onomatopées, le jeune enfant invente un dialogue interne qui soutient son jeu. Il joue à être la maman qui dit : « *Tu* veux ton biberon ? », « *Tu* as faim ? ». Puis rapidement l'enfant se met à complexifier le scénario, inventant des détournements, des surprises, des refus, des gronderies, d'autant que, dans la vraie vie, lui-même commence à s'opposer, à dire « non » ! Ce jeune enfant intègre alors un « décalage au carré » : non seulement il se décale de lui-même pour être une maman donnant le biberon, mais il se décale aussi de sa réalité d'enfant pour être le bébé imaginaire qui reçoit un biberon d'une mère imaginaire... Et que dit ce poupon imaginaire à cette mère imaginaire ? « Non ! *Je* ne veux pas ! » Dans la bouche du jeune enfant, ce premier « je » est un autre, un autre que lui-même, ce bébé imaginaire que l'enfant n'est plus tout à fait, mais auquel il joue à s'identifier d'autant plus facilement que, lui aussi, dans les interactions avec ses parents, il a découvert la puissance de ce « non », de cette opposition. L'enfant se met donc à jouer avec cet écart ! Les jeux de faire semblant sont souvent des jeux de refus, car ils permettent à l'enfant d'expérimenter ces variations : le petit enfant joue avec ces intentions/désirs opposés qu'il s'approprie tour à tour. Le jeu de « faire semblant » constitue un véritable *marqueur de l'appropriation subjective*. Certes, au cours de ces jeux, ce petit enfant joue avec son « je » de façon encore silencieuse. Mais ce silence témoigne du travail imaginaire de création intériorisée de ce « je » avant que l'enfant ne puisse dire « je » quelques trimestres plus tard. *Le jeu de faire semblant est un prérequis indispensable à l'apparition du « je » dans le langage...* Plus tard, l'enfant jouera à des jeux de dînette, d'école, de docteur, de police, de voiture, complexifiant ses scénarios grâce à cette possibilité infinie, presque toute-puissante, de son imagination car le jeu sur l'écart ne connaît pas de limite.

« Tu, il, je » : du soi (self) à la conscience de soi (self-consciousness)

En suivant pas à pas le développement du langage, nous avons donc la surprise de constater que le « tu » vient en premier, le « il » vient en second, le « je » n'arrivant que dans un troisième temps. En effet, avant que le « je » n'advienne dans le cerveau, trois étapes doivent être franchies : 1° la reconnaissance du soi par un autre que soi-même : c'est ce que réalise l'étape de l'attention partagée avec l'énonciation du « tu » ; 2° la présentation des objets du monde au soi : c'est l'affaire de l'attention conjointe et de la fonction du « il/elle » ; 3° enfin le lien entre ce « tu » et ce « il/elle » procède de la reconnaissance de l'intention et de sa nomination : c'est le rôle du pointage proto-déclaratif dans un contexte d'intérêt partagé entre l'enfant et l'adulte. Cette reconnaissance de l'intention, on pourrait la symboliser par le triptyque suivant : [tu → il] où la flèche désigne précisément l'acte de reconnaissance du désir du sujet, celui qui est « sous le jet », l'acte de naissance du « je » ! De ces remarques ressort le fait que le « je » est en position tierce. Pour s'approprier le « je », le cerveau de l'enfant doit pouvoir se représenter à lui-même son intention, son désir, reconnaître, accepter et nommer l'écart entre la main et l'objet, lieu de résidence du « je ». Mais, hélas pour ce sujet, il ne peut reconnaître cette intention que si celle-ci a été au préalable reconnue, nommée par un autre avant de pouvoir la faire sienne.

On le sait, les enfants psychotiques, les autistes en particulier, quand ils accèdent aux préformes du langage n'ont pas de difficulté à dire « tu » ou « il », se nommant eux-mêmes par ce « tu » ou ce « il ». Ils ont en revanche de grandes difficultés à dire « je », acquisition tardive qui traduit en général un progrès majeur dans la capacité à communiquer. Or les enfants autistes ont tendance à détourner le regard, n'accèdent pas au pointage proto-déclaratif, ne développent pas de jeu de faire semblant... En effet quand le « je » ne peut pas se déployer intérieurement grâce à *ces jeux sur le « je »*, quand ces mises en scène narratives ne peuvent s'installer et s'enrichir d'une complexité croissante, quand ce jeu de l'écart ne peut ouvrir l'espace entre soi et l'autre en soi, l'activité neurocérébrale et cognitive risque de se réduire à la manipulation du même.

La subjectivité est-elle déjà là dans le cerveau du nouveau-né dès sa naissance ? De nombreux auteurs semblent prêts à soutenir cette hypothèse en s'appuyant sur la notion de « *self* », passant de ce *self* à la *self-consciousness* → de façon quasi automatique, comme si ce passage procédait d'une propriété singulière du cerveau lui-même. Qu'il y ait dans le cerveau, dès la naissance, des boucles rétroactives qui « informent[1] » les divers organes des sens, sur les conséquences des actes moteurs du corps propre, qu'elles soient capables de discriminer une stimulation provoquée par un segment du corps propre de celle qui provient d'une stimulation d'un corps étranger, cela ne fait aucun doute. En revanche, que la prise de conscience autoréférentielle de ce fonctionnement dépende uniquement de l'activité neurocérébrale, on peut en douter ! Pour que ce centre de l'agentivité accède à une activité d'autoréférence, pour qu'il puisse penser « C'est moi qui suis l'acteur de mes pensées et de mes actes », en un mot dire « je », l'expérience quotidienne montre qu'il en faut plus : il faut d'abord qu'il y ait dans les conditions du développement de cet enfant un environnement qui le reconnaît comme acteur de ses actes et de ses pensées. Ensuite, grâce à cette reconnaissance, il faut que l'enfant s'autorise une activité de rêverie, de mise en scène de lui-même dans des jeux de faire semblant.

Évoquant la genèse et l'épigenèse neurocérébrale, Jean-Pierre Bourgeois[2] note l'importance de la plasticité des arborescences dendritiques, porteuses de synapses ; ce sont les chemins, les routes, les voies qui vont constamment se recombiner, se reconstruire. Ainsi, le cerveau est un organe en constant remaniement, capable de s'auto-informer sur son propre fonctionnement. Cette double particularité du cerveau, organe en constant remaniement et doté d'une capacité autoréférentielle, semble très originale. Cette étrange capacité conduit à une interrogation fondamentale : comment le « moi » peut-il se représenter d'une façon stable et permanente quand le cerveau de ce « moi »

---

1. Par facilité, j'utilise ce terme qui pose cependant de redoutables problèmes.
2. Colloque d'Avignon, communication orale.

est un organe en constante réorganisation ? Qu'est-ce qui fait que nous ne sommes pas constamment aliénés à nous-mêmes, étrangers à nous-mêmes puisque notre cerveau se transforme tout le temps ? Comment donc le cerveau peut-il dire « je » ? Un être humain réduit au seul fonctionnement neurocérébral, dénué de psychisme, risquerait d'être menacé par ces transformations permanentes du cerveau, aliéné à un besoin protecteur de figement, d'immobilisme. Entre le « soi » et la « conscience de soi » une méta-pensée doit s'introduire, une pensée sur les pensées (dont l'indice dans le langage est précisément le « je ») laquelle n'est pas la propriété d'un cerveau isolé. Elle est *une construction sociale transférée, transfusée à ce cerveau*. Le psychisme est cet organe bizarre qui n'existe pas dans le corps, mais qui assure à chacun un sentiment de continuité existentielle, l'illusion d'être aujourd'hui comme hier et demain comme aujourd'hui. Cette illusion, cette croyance, c'est la fonction du « je », lequel fonde la subjectivité de ce psychisme. Cette illusion dépend du regard d'un autre, raison pour laquelle chez l'enfant, le partage des regards et le développement du langage sont si étroitement liés et, chez l'adulte, le besoin du regard d'autrui reste si prégnant. En revanche, si on admet que le bébé possède une « connaissance intuitive » des capacités de son cerveau, c'est-à-dire une capacité de penser son propre fonctionnement, alors tout est dans le cerveau, rien n'est dans la relation (ou pas grand-chose) ! Ce qui signifie, entre autres, que la folie ou la maladie mentale sont des faits strictement cérébraux, croyance bien pratique et tout à fait conforme à l'idéologie de l'individualisme triomphant !

RÉFÉRENCES

Ansermet F. et Magistretti P. (2011), *À chacun son cerveau. Plasticité neuronale et inconscient*, Paris, Odile Jacob.

Baron-Cohen S. (1995), *Mindblindness. An Essay on Autism and Theory of Mind*, Cambridge (Mass.), MIT Press.

Brooks R. et Meltzoff A. N. (2005), « The development of gaze following and its relation to language », *Developmental Science*, 8, p. 535-543.

Bruce V. et Green P. R. (1993), *La Perception visuelle. Physiologie, psychologie et écologie*, Grenoble, PUG.

Fogel A. (2006), « Dynamic systems research on inter-individual communication. The transformation of meaning making », *Journal of Developmental Processes*, 1, p. 7-30.

Fonagy P., Gergely G., Jurist E. et Target M. (2004), *Affect Regulation. Mentalization and the Development of the Self*, Londres, New York, Karnac Books.

Jullien F. (2009), *Les Transformations silencieuses*, Paris, Grasset.

Marcelli D. (2006), *Les Yeux dans les yeux. L'énigme du regard*, Paris, Albin Michel.

Marcelli D. (2009), « Engagement par le regard et émergence du langage. Un modèle pour la trans-subjectivité », *Neuropsy. enf. ado.*, 57, p. 487-493.

Marcelli D. (2010), *C'est en disant « non » qu'on s'affirme*, Paris, Hachette.

Marcelli D. (2010), « La trans-subjectivité ou comment le psychisme advient dans le cerveau », *Neuropsy. enf. ado.*, 58, p. 371-378.

Meltzoff A. N. et Brooks R. (2007), « Intersubjectivity before language. Three windows on preverbal sharing », *in* Braten S. (éd.), *On Being Moved. From Mirror Neurons to Empathy*, Amsterdam, John Benjamins Publishing, p. 149-174.

Nadel J. et Decety J. (2002), *Imiter pour découvrir l'humain*, Paris, PUF.

Pilliot M. (2006), « Le regard du naissant », *Abstract pédiatrie*, 202, p. 10-25.

Ricœur P. (1990), *Soi-même comme un autre*, Paris, Seuil.

Ricœur P. (2000), *La Mémoire, l'histoire, l'oubli*, Paris, Seuil.

Spitz R. A. (1963), *Le Non et le Oui*, Paris, PUF.

Tomasello M. (1995), « Joint attention as social cognition », *in* C. Moore, P. J. Dunham (éd.), *Joint Attention. Its Origins and Role in Development*, Hillsdale (NJ), Lawrence Erlbaum Associates, p. 103-130.

Tronick E. Z. (2005), « Why is connection with others so critical ? The formation of dyadic states of consciousness and the expansion of individual's states of consciousness : coherence governed selection and co-creation of meaning out of messy meaning making », p. 293-315, *in* Nadel J., Muir D. (éd.), *Emotional Development*, Oxford, England, Oxford University Press.

Tronick E. Z. et Beeghly M. (2011), « Infant's meaning making and the development of mental health problem », *American Psychologist*, 66, p. 107-119.

Winnicott D. W. (1970), *Processus de maturation chez l'enfant*, Paris, Payot (voir p. 122).

Winnicott D. W. (1975), *Jeu et réalité. L'espace potentiel*, Paris, Gallimard (voir p. 161).

Chapitre 6

Comment la culture façonne le cerveau : mécanismes neuronaux de la lecture et du calcul

Manuela Piazza

Dans ce chapitre, je discuterai les bases neurales de deux des inventions culturelles les plus marquantes de notre espèce : la lecture (et l'écriture) et le calcul.

Lecture et calcul

La lecture peut être définie comme la capacité de traduire des éléments visuels (des traces d'encre sur du papier, par exemple) en des éléments ou des expressions d'un langage parlé. Dans l'histoire de l'humanité, l'invention de l'écriture et de la lecture a été une véritable révolution : l'écriture augmente de façon massive à la fois la capacité de la mémoire, car elle permet de stocker une grande quantité d'informations, et la capacité de communication, car elle permet de partager des informations avec d'autres, qui peuvent être loin dans l'espace et/ou dans le temps. Le grand scientifique Carl Sagan a écrit : « L'écriture est peut-être la plus grande des inventions humaines, qui relie entre eux des gens qui ne se sont jamais connus, des citoyens d'époques éloignées. Le livre brise le carcan du temps. Un livre est la preuve que les humains sont capables de faire de la magie » (Sagan, 2006).

L'incroyable puissance que représente l'invention de symboles pour les chiffres et les procédures de calcul est également une évidence. Grâce à l'invention des chiffres, les humains ont trouvé une façon unique de surmonter les limites de leur perception, qui ne permettrait que des jugements quantitatifs approximatifs des ensembles concrets, et de devenir capables de combiner mentalement des symboles qui représentent des quantités numériques exactes, ce qui s'est avéré essentiel pour déchiffrer les lois de la nature. S'interrogeant sur l'immense pouvoir des nombres et des mathématiques pour décrire le monde qui nous entoure, les philosophes pythagoriciens ont émis l'hypothèse que « l'univers existe par l'imitation des nombres » (comme l'a rapporté Aristote dans sa *Métaphysique*).

L'écriture a été inventée il y a environ 5 400 ans par les Babyloniens, et les premières formes de représentations symboliques des quantités numériques remontent à l'époque sumérienne, il y a environ 3 000 ans. Les notations symboliques plus complexes, comme les chiffres arabes, sont encore plus récentes, inventées d'abord en Inde autour du VIe siècle de notre ère, puis importées dans le monde occidental au Moyen Âge, avec des algorithmes de calcul, grâce aux traités de savants arabes.

L'écriture et la lecture, inventions récentes à l'échelle du temps de l'évolution, sont cependant loin d'être des acquisitions universelles. Jusqu'à très récemment, seule une très petite fraction de l'humanité était capable de lire ou de calculer : pour la plupart d'entre nous, il suffit de remonter de deux générations dans l'histoire de notre famille pour trouver un ancêtre proche qui était incapable de lire (analphabète) et/ou de calculer.

Les mécanismes neuronaux
pour lire et calculer

Ces faits semblent en contradiction avec les récentes découvertes neuroscientifiques montrant que quand les humains apprennent à lire, quels que soient la langue et le système d'écriture qu'ils utilisent, ils le font tous en s'appuyant sur le même ensemble de zones du cerveau, comme si nos cerveaux avaient été dotés par l'évolution, d'un ensemble d'« organes » dédiés à la lecture. Le même niveau élevé de spécialisation (interculturelle) est également observé pour les circuits neuronaux impliqués dans le traitement des nombres et le calcul (Dehaene et Cohen, 2007). Il est clair, cependant, que nous ne venons pas au monde avec un organe du cerveau pour la lecture, ni un organe du cerveau pour déchiffrer les nombres ou effectuer des calculs. Pour expliquer ce paradoxe apparent, nous avons besoin de comprendre les mécanismes neuronaux qui sous-tendent l'apprentissage de la lecture et du calcul.

Avant que les enfants n'apprennent à lire, les principaux systèmes corticaux pour la reconnaissance visuelle des objets, situés dans la région occipito-temporale (Cantlon *et al.*, 2011 ; Golarai *et al.*, 2006), et les principaux systèmes de reconnaissance de la parole, situés dans le cortex péri-sylvien gauche (Dehaene-Lambertz *et al.*, 2002) sont déjà bien en place. Pour apprendre à lire, une interface entre la vision et le langage doit être créée. Cette interface (la « boîte aux lettres du cerveau ») est une région spécifique, qui a été nommée la « région de la forme visuelle des mots » (Cohen *et al.*, 2000). Cette région, localisée de façon identique chez tous les sujets et dans toutes les cultures (Bolger, 2005) au niveau du sillon occipito-temporal de l'hémisphère dominant pour la langue (par exemple, l'hémisphère gauche chez les sujets dont le système de la langue est latéralisé à gauche ; Van der Haegen *et al.*, 2011), est activée à chaque fois que les sujets se voient présenter des mots écrits, et réagissent davantage à une écriture connue qu'à d'autres catégories de stimuli visuels (Baker *et al.*, 2007). Les lésions de cette région provoquent une alexie pure, déficit sélectif de la reconnaissance visuelle des mots (Déjerine, 1892 ; Gaillard *et al.*, 2006). C'est une aire visuelle de haut niveau qui est invariante pour la localisation des mots dans le champ visuel (Cohen *et al.*, 2002), ainsi que pour la forme du mot (majuscules/minuscules), et est automatiquement activée, même par la présentation de chaînes de lettres subliminales, qui ne sont pas perçues de façon consciente (Dehaene *et al.*, 2001).

Cette région est située au sein d'une mosaïque de zones corticales, dans la voie de la vision que nous, humains, partageons avec tous les primates non humains et qui contient des circuits évolués de reconnaissance de forme. Chez les humains et les animaux non humains, les neurones de cette région se regroupent dans des sous-régions macroscopiquement distinctes, spécifiques d'un domaine, codant pour différents types de formes (visages, outils, lieux) (Kriegeskorte *et al.*, 2008). Dans cette mosaïque préexistante de régions spécialisées, une réponse spécifique aux mots écrits émerge au cours de l'apprentissage, par « recyclage » de tissus corticaux qui réagissaient auparavant à d'autres types de formes visuelles (Dehaene et Cohen, 2007). Une étude récente a examiné les modifications corticales sous-jacentes à ce processus d'apprentissage, en comparant l'activité cérébrale de sujets ayant différents niveaux de compétence en lecture. L'activité cérébrale pendant le traitement visuel de différentes catégories de stimuli et le traitement auditif de phrases chez des sujets adultes analphabètes a été comparée à celle de sujets adultes ayant appris à lire dans l'enfance ou à l'âge adulte (Dehaene *et al.*, 2010). Les résultats indiquent clairement que lorsque les sujets voient des mots écrits, le niveau d'activité dans la région de la forme visuelle des mots est influencé de façon linéaire par leur niveau de compétence en lecture : il est plus faible pour les sujets analphabètes, et de plus en plus élevé au prorata de la compétence en lecture. Par ailleurs, en examinant chez les sujets analphabètes le niveau de réponse de la région de la forme visuelle des mots, les chercheurs ont découvert que la catégorie visuelle de stimuli à laquelle cette région était sensible, avant l'apprentissage de la lecture, était celle des visages. En effet, la réponse aux visages dans cette région de l'hémisphère gauche diminue au prorata de la compétence en lecture, tandis qu'une région homologue de l'hémisphère droit augmente sa réponse aux mots, comme si dans le cerveau, le code pour les visages, en raison de sa concurrence corticale avec le stimulus mot, était « poussé » vers l'hémisphère droit, à mesure que se fait l'apprentissage de la lecture. L'étude de Dehaene *et al.* montre par ailleurs que l'alphabétisation a un impact positif général sur le système visuel : les cortex visuels primaire et secondaire montrent une réponse supérieure pour toutes sortes de stimuli visuels, chez les sujets alphabétisés par rapport aux sujets analphabètes ; elle augmente en particulier l'activation pour des formes horizontales (par rapport aux formes verticales). Enfin, l'alphabétisation modifie également le réseau du cerveau pour le langage parlé : la région du planum temporale, cruciale pour la reconnaissance auditive de la parole, est plus active en réponse au traitement auditif de la parole chez les sujets alphabétisés que chez les sujets analphabètes.

Recyclage synaptique

En somme, la recherche suggère que nous pouvons acquérir l'alphabétisation parce que l'évolution nous a légué un système cortical structuré et efficace pour la reconnaissance visuelle, s'ajustant aux formes complexes, et suffisamment plastique pour être partiellement réorienté vers les formes particulières des mots écrits. En outre, les changements induits par l'alphabétisation vont bien au-delà de la création de la région de forme visuelle des mots et ont un impact sur le circuit cortical pour le traitement de la parole, ainsi que le traitement visuel, en particulier la reconnaissance du visage.

Un mécanisme similaire de « recyclage cortical » semble se reproduire lorsque nous apprenons des symboles pour les nombres et le calcul. De la même manière que la lecture exploite des circuits corticaux préexistants pour la reconnaissance visuelle et le traitement de la parole, le calcul exploite un système cortical ancien, lié à l'évolution, spécialisé pour extraire et manipuler mentalement la quantité (approximative) dans un ensemble d'objets concrets.

Des recherches récentes ont montré que les jeunes bébés, ainsi que plusieurs espèces d'animaux non humains, sont sensibles aux aspects numériques de leur environnement sensoriel et peuvent effectuer une opération arithmétique approximative sur des ensembles concrets, comme estimer le résultat approximatif d'additions ou de soustractions (Izard *et al.*, 2009 ; McCrink et Wynn, 2004). Cette compétence, appelée aussi « sens des nombres », est présente chez les humains de toutes les cultures, même celles qui n'ont pas de système de comptage (Pica *et al.*, 2004) et est basée sur des circuits du cerveau situés dans les régions du cortex pariétal, identiques chez l'homme et les primates (Nieder et Miller, 2004 ; Piazza *et al.*, 2004).

Au cours de l'apprentissage, nous « recyclons » ce système préexistant pour générer un nouveau code (celui du nombre exact) et lui attribuer une signification. Ce système préexistant n'est jamais complètement « écrasé » par le nouveau code symbolique du nombre exact qui a été appris. Des traces de ce codage approximatif des quantités numériques peuvent également être trouvées lorsque nous effectuons un calcul arithmétique avec des nombres symboliques (nombres sous formes de mots, chiffres arabes) : quand les humains effectuent un calcul arithmétique ou manipulent mentalement des symboles pour dénombrer (par exemple, comparer deux chiffres arabes), les régions du cortex pariétal qui sont impliquées dans le codage pour l'approximation de quantités numériques sont également uniformément activées, autour des mêmes coordonnées spatiales, quels que soient le système de numération et les stratégies de calcul utilisés (Cantlon et Li, 2013 ; Dehaene *et al.*, 2003). Cette région, dont la lésion conduit souvent à une dyscalculie, déficience sélective du traitement des nombres et du calcul (Dehaene, 1997), est plus active pour les stimuli numériques présentés sous tous les formats (visuel, verbal, arabe), que pour les autres catégories de stimuli (mots, visages, objets) (Eger *et al.*, 2003) et elle réagit aux chiffres, même s'ils sont présentés de façon subliminale (Naccache et Dehaene, 2001).

Ce qui prouve que le système ancien d'approximation des quantités constitue les fondations pour l'acquisition ultérieure de capacités numériques et de calcul formel, c'est que l'on décrit chez les enfants atteints de dyscalculie développementale des difficultés d'approximation pour comparer des quantités numériques (Piazza *et al.*, 2010) et que même chez les enfants au développement normal, à l'école maternelle, la différence interindividuelle dans l'exactitude de l'approximation pour comparer des quantités numériques (indicateur de l'« acuité » du sens du nombre) est un facteur prédictif pour la réussite ultérieure en mathématiques (Mazzocco *et al.*, 2011). Ainsi, les enfants qui à l'école maternelle sont les plus compétents pour comparer des ensembles, sur la base de leur approximation d'un nombre d'éléments, seront très probablement ceux qui réussiront le mieux en mathématiques et en calcul à l'école primaire.

Il reste encore à découvrir les mécanismes neuronaux et cognitifs précis qui soutiennent le changement conceptuel majeur se produisant lorsque les enfants apprennent les symboles des chiffres et intègrent les principes qui sous-tendent le calcul symbolique. Les données actuelles indiquent que ce changement pourrait être atteint de façon neutre, par une spécialisation progressive des circuits pariétaux gauches pour les quantités numériques exactes, classées sous forme de symboles numériques. En effet, l'activation liée aux nombres passe d'une latéralisation à droite, observée chez les nourrissons (Izard *et al.*, 2008), à une latéralisation qui se fait de plus en plus à gauche chez les adultes par rapport aux enfants (Ansari et Dhital, 2006). En outre, dans les tâches de quantification de stimuli à la fois visuels et auditifs, le comptage, contrairement à l'estimation, active le système de numération pariétal gauche, alors que l'estimation implique une plus grande participation du système numérique pariétal droit (Piazza *et al.*, 2006).

Alors qu'il reste encore beaucoup à comprendre d'autres changements neuronaux sous-tendant l'apprentissage du calcul, il semble clair désormais que si nous pouvons acquérir le calcul c'est parce que l'évolution nous a donné un système cortical structuré et efficace pour représenter et manipuler mentalement des quantités numériques ; initialement il code seulement pour son information numérique approximative, mais il est suffisamment plastique pour être partiellement réajusté, afin de coder des quantités numériques exactes, favorisant ainsi la sémantique des symboles numériques. Cet instinct spontané et précoce des chiffres peut expliquer pourquoi certains peuvent trouver les mathématiques simples et intuitives. Cependant, le processus de réajustement et de reconversion partielle prend beaucoup de temps et n'est jamais totalement définitif, ce qui peut expliquer pourquoi les mathématiques sont perçues, par d'autres, comme extrêmement difficiles.

Conclusion

Nous avons vu, dans ce chapitre, que les humains sont en équilibre délicat entre déterminisme biologique et plasticité neuronale. D'un côté, l'architecture du cerveau humain est très limitée par son évolution passée, de nouvelles acquisitions culturelles n'étant possibles que si elles s'inscrivent dans cette architecture neuronale préexistante. Dans ce sens, le cerveau façonne la culture. D'un autre côté, l'acquisition de nouveaux outils culturels (par exemple, la lecture et le calcul) consiste à recycler des systèmes corticaux préexistants, et ce processus entraîne de profondes modifications et réorganisations des circuits préexistants. En ce sens, la culture façonne le cerveau.

RÉFÉRENCES

Ansari D. et Dhital B. (2006), « Age-related changes in the activation of the intraparietal sulcus during nonsymbolic magnitude processing : An event-related functional magnetic resonance imaging study », *Journal of Cognitive Neuroscience*, 18 (11), p. 1820-1828.

Baker C. I., Liu J., Wald L. L., Kwong K. K., Benner T. et Kanwisher N. (2007), « Visual word processing and experiential origins of functional selectivity in human extrastriate cortex », *Proceedings of the National Academy of Sciences*, 104 (21), p. 9087-9092.

Bolger D. J., Perfetti C. A. et Schneider W. (2005), « Cross-cultural effect on the brain revisited : Universal structures plus writing system variation », *Human Brain Mapping*, 25 (1), p. 92-104.

Cantlon J. F. et Li R. (2013), « Neural activity during natural viewing of *Sesame Street* statistically predicts test scores in early childhood » *PLoS Biology*, 11 (1), e1001462.

Cantlon J. F., Pinel, P., Dehaene S. et Pelphrey K. A. (2011), « Cortical representations of symbols, objects, and faces are pruned back during early childhood », *Cerebral Cortex*, 21 (1), p. 191-199.

Cohen L., Dehaene S., Naccache L., Lehéricy S., Dehaene-Lambertz G., Hénaff M. A. *et al.* (2000), « The visual word form area : Spatial and temporal characterization of an initial stage of reading in normal subjects and posterior split-brain patients », *Brain*, 123, p. 291-307.

Cohen L., Lehéricy S., Chochon F., Lemer C., Rivaud S. et Dehaene S. (2002), « Language-specific tuning of visual cortex ? Functional properties of the visual word form area », *Brain*, 125 (Pt 5), p. 1054-1069.

Dehaene S. (1997), *The Number Sense*, New York, Oxford University Press.

Dehaene S., Naccache L., Cohen L., Le Bihan D., Mangin J. F., Poline J. B. *et al.* (2001), « Cerebral mechanisms of word masking and unconscious repetition priming », *Nature Neuroscience*, 4, p. 752-758.

Dehaene S., Piazza M., Pinel P. et Cohen, L. (2003), « Three parietal circuits for number processing », *Cognitive Neuropsychology*, 20, p. 487-506.

Dehaene S. et Cohen L. (2007), « Cultural recycling of cortical maps », *Neuron*, 56 (2), p. 384-398.

Dehaene S., Pegado F., Braga L. W., Ventura P., Nunes Filho G., Jobert A. *et al.* (2010), « How learning to read changes the cortical networks for vision and language », *Science*, 330 (6009), p. 1359-1364.

Dehaene-Lambertz G., Dehaene S. et Hertz-Pannier L. (2002), « Functional neuroimaging of speech perception in infants », *Science*, 298 (5600), p. 2013-2015.

Déjerine J. (1892), « Contribution à l'étude anatomo-pathologique et clinique des différentes variétés de cécité verbale », *Mémoires de la Société de biologie*, 4, p. 61-90.

Eger E., Sterzer P., Russ M. O., Giraud A. L. et Kleinschmidt A. (2003), « A supramodal number representation in human intra-parietal cortex », *Neuron*, 37 (4), p. 719-725.

Gaillard R. I., Naccache L., Pinel P., Clémenceau S., Volle E., Hasboun D. *et al.* (2006), « Direct intracranial, fMRI, and lesion evidence for the causal role of left inferotemporal cortex in reading », *Neuron*, 50 (2), p. 191-204.

Golarai G., Liberman A., Yoon J. M. et Grill-Spector K. (2006), « Differential development of the ventral visual cortex extends through adolescence », *Front. Hum. Neurosci.*, 3, p. 80.

Izard V., Dehaene-Lambertz G. et Dehaene S. (2008), « Distinct cerebral pathways for object identity and number in human infants », *PLoS Biol*, 6 (2), e11.

Izard V., Sann C., Spelke E. S. et Streri A. (2009), « Newborn infants perceive abstract numbers », *Proc. Natl. Acad. Sci. USA*, 106 (25), p. 10382-10385.

Kriegeskorte N., Mur M., Ruff D. A., Kiani R., Bodurka J., Esteky H. *et al.* (2008), « Matching categorical object representations in inferior temporal cortex of man and monkey », *Neuron*, 60 (6), p. 1126-1141.

Mazzocco M. M. M., Feigenson L. et Halberda J. (2011), « Preschoolers' precision of the approximate number system predicts later school mathematics performance », *PLoS One*, 6 (9), e23749.

McCrink K. et Wynn K. (2004), « Large-number addition and subtraction by 9-month-old infants », *Psychological Science*, 15 (11), p. 776.

Naccache L. et Dehaene S. (2001), « The priming method : Imaging unconscious repetition priming reveals an abstract representation of number in the parietal lobes », *Cereb. Cortex,* 11 (10), p. 966-974.

Nieder A. et Miller E. K. (2004), « A parieto-frontal network for visual numerical information in the monkey », *Proc. Natl. Acad. Sci. USA,* 101 (19), p. 7457-7462.

Piazza M., Izard V., Pinel P., Le Bihan D. et Dehaene S. (2004), « Tuning curves for approximate numerosity in the human intra-parietal sulcus », *Neuron,* 44 (3), p. 547-555.

Piazza M., Mechelli A., Price C. et Butterworth B. (2006), « Exact and approximate judgements of visual and auditory numerosity : An fMRI study », *Brain Research,* 1106, p. 177-188.

Piazza M., Pinel P., Le Bihan D. et Dehaene S. (2007), « A magnitude code common to numerosities and number symbols in human intraparietal cortex », *Neuron,* 53 (2), p. 293-305.

Piazza M., Facoetti A., Trussardi A. N., Berteletti I., Conte S., Lucangeli D. *et al.* (2010), « Developmental trajectory of number acuity reveals a severe impairment in developmental dyscalculia », *Cognition,* 116 (1), p. 33-41.

Pica P., Lemer C., Izard W. et Dehaene S. (2004), « Exact and approximate arithmetic in an Amazonian indigene group », *Science,* 306 (5695), p. 499-503.

Sagan C. (2006), *Cosmos,* Edicions Universitat Barcelona, vol. 1.

Van der Haegen L., Cai Q. et Brysbaert M. (2011), « Colateralization of Broca's area and the visual word form area in left-handers : fMRI evidence », *Brain and Language,* 122 (3), p. 171-178.

Chapitre 7

Trajectoires développementales des enfants ayant un trouble de l'identité de genre

Kenneth J. Zucker

En psychiatrie développementale et en psychologie clinique de l'enfant, il n'y a qu'un petit nombre de chercheurs et de cliniciens qui travaillent avec des enfants (et des adolescents) ayant un trouble de l'identité de genre (*gender identity disorder*, GID) selon la définition du *DSM-IV-TR* (American Psychiatric Association, 2000) ou une dysphorie de genre selon la nouvelle étiquette diagnostique du *DSM-5* (American Psychiatric Association, 2013). En voici un exemple : si l'on fait une recherche sur PubMed en utilisant « *gender identity disorder* », on trouve 1 941 entrées, ce qui surestime probablement le nombre de publications appropriées. Si l'on restreint la recherche aux GID chez les enfants, « *gender identity disorder*children* », le nombre tombe à 553. Le contraste est grand avec 22 225 entrées pour une recherche avec le terme « autisme » ou 22 598 entrées pour une recherche avec les termes « *attention deficit hyperactivity disorder* ». Pourtant, comme le remarque Le Heuzey (2013), il y a actuellement un intérêt marqué pour les GID chez les enfants, entretenu intensément dans la presse et à la télévision (*e.g.* Brown, 2006 ; Padawar, 2012 ; Rosin, 2008 ; Santiago, 2006 ; Schwartzapfel, 2013), particulièrement en Amérique du Nord, mais aussi dans certains pays européens, tels le Royaume-Uni et les Pays-Bas. On ne se trompe probablement pas en disant qu'aujourd'hui la source d'information la plus accessible au sujet des enfants avec GID pour les parents et même les professionnels de santé est Internet plutôt que les journaux ou les réunions scientifiques ésotériques.

Dans ce chapitre, je fournirai une information sur l'état actuel des connaissances concernant les trajectoires psychosexuelles d'enfants diagnostiqués GID. Comme je le dirai ci-dessous, cette information est importante pour les cliniciens qui travaillent avec ces enfants, leur donnant une idée de ce que pourrait être en pratique la meilleure approche thérapeutique pour cette population de pédiatrie.

Terminologie

Comme point de départ, il est utile de fournir quelques définitions élémentaires des termes concernant la différenciation psychosexuelle : sexe, genre, identité de genre, rôle de genre (masculinité-féminité) et orientation sexuelle.

« Sexe » se réfère aux attributs qui, dans la collectivité, avec un accord d'ordinaire harmonieux, caractérisent l'état biologique de mâle ou de femelle : ils incluent les gènes déterminant le sexe, les chromosomes sexuels, l'antigène HY, les gonades, les hormones sexuelles, les structures internes de la reproduction et les organes génitaux externes (Grumbach, Hughes et Conte, 2003 ; Vilain, 2000).

« Genre » est utilisé pour se référer aux caractéristiques psychologiques et comportementales qui, en moyenne, distinguent les hommes des femmes (Ruble,

Martin et Berenbaum, 2006). Pour éviter des hypothèses sur la causalité (*e.g.* processus biologiques *versus* processus psychologiques ou sociologiques), certains chercheurs emploient cependant des termes alternatifs, tels que *sex-typical*, « typique du sexe », *sex-dimorphic*, « dimorphique quant au sexe », *sex-typed*, « sexué », pour caractériser les différences de comportement, puisque les termes de cette sorte sont plus neutres dans la description du point de vue de l'étiologie supposée.

Stoller (1964) a inventé le terme *core gender identity*, « noyau de l'identité de genre », pour décrire le « sentiment fondamental d'appartenir à un sexe » qui se développe chez le jeune enfant. *Gender identity*, « identité de genre », a ensuite été adopté par les psychologues qui étudient le développement cognitif, tel Kohlberg (1966), qui la définit comme l'aptitude de l'enfant à distinguer avec exactitude les mâles des femelles et ensuite à identifier son propre statut de genre correctement – une tâche que certains considèrent comme le premier « stade » dans le développement de la constance de genre, le stade final étant la connaissance de l'invariance du genre (Martin, Ruble et Szkrybalo, 2002).

Gender role, « rôle de genre », a été utilisé par les psychologues du développement pour se référer aux comportements, attitudes et traits de personnalité qu'une société, dans une culture et une période historique données, désigne comme masculins ou féminins, c'est-à-dire plus appropriés ou plus typiques pour le rôle social de l'homme ou de la femme (Ruble *et al.*, 2006). La mesure des comportements de rôle de genre chez les jeunes enfants concerne des phénomènes aisément observables : préférence d'affiliation avec des pairs du même sexe *versus* des pairs du sexe opposé, rôle dans des jeux imaginaires, jouets préférés, déguisements, goût pour le chahut et la bagarre. Chez les enfants plus âgés, le rôle de genre a aussi été mesuré en utilisant des attributs de personnalité à connotation masculine ou féminine stéréotypée ou les intérêts et aspirations dans le travail et les loisirs.

L'*orientation sexuelle* peut être définie par la réactivité d'une personne aux stimuli sexuels. La dimension la plus saillante de l'orientation sexuelle est probablement le sexe de la personne par laquelle on est sexuellement attiré. C'est manifestement par cette classe de stimulus qu'on définit l'orientation sexuelle d'une personne, ou sa préférence pour un partenaire érotique, comme hétérosexuelle, bisexuelle ou homosexuelle. Dans la sexologie contemporaine, l'orientation sexuelle est souvent évaluée par des techniques psychophysiologiques, telle la pléthysmographie du pénis ou la photopléthysmographie vaginale, bien que les évaluations par des entretiens structurés soient devenues de plus en plus courantes, en particulier quand les personnes interrogées n'ont aucune raison contraignante de cacher leur orientation sexuelle. L'*identité sexuelle* se réfère à la manière dont une personne étiquette elle-même son orientation sexuelle (*e.g.* « *straight* » ou hétéro, gay, lesbienne, bisexuelle, pansexuelle, etc.).

Différenciation psychosexuelle

En termes d'expression phénotypique, le modèle développemental classique postule que l'identité de genre émerge d'abord (d'habitude avant l'âge de 3 ans), rapidement suivie par l'adoption de comportements de rôles de genre (expressions comportementales de masculinité-féminité) et puis, au moment de la puberté ou même beaucoup plus tard, vient l'expression de l'orientation sexuelle. Le modèle classique postulait une interrelation entre ces trois paramètres et l'on supposait qu'ils étaient tous influencés par un facteur commun ou un ensemble de facteurs communs. Il y a eu aussi une révision du modèle classique quant à la relation temporelle entre l'identité de genre et les comportements de rôle de genre. Plutôt que de supposer une séquence temporelle (et peut-être causale) entre identité de genre et comportements de rôle de genre, un modèle révisionniste suggère que certains éléments du comportement de rôle de genre apparaissent avant une connaissance consciente d'être un garçon ou une fille et que certains de ces comportements naissants de rôle de genre peuvent en fait influencer le sentiment de l'enfant d'être un garçon ou une fille. Dans le modèle révisionniste demeure cependant l'hypothèse que l'identité de genre et le rôle de genre sont tous deux influencés par un facteur commun ou un ensemble de facteurs communs.

Études rétrospectives

Dans les années 1960, de nombreuses consultations pour l'identité de genre furent ouvertes dans des hôpitaux pour évaluer des adultes avec GID en vue d'une chirurgie de réassignation du sexe. Quand on interroge des adultes (ou même des adolescents) avec GID sur leurs comportements sexués dans l'enfance tels qu'ils s'en souviennent, chez ceux qui ont une orientation sexuelle vers les membres de leur sexe de naissance, on trouve presque toujours une histoire de comportements de genre nettement variants ou de l'autre genre (Deogracias *et al.*, 2007 ; Green, 1974 ; Stoller, 1968). Pour ces patients, il semble y avoir ce qu'on pourrait appeler une « continuité rétrospective ».

Dans les années 1960 et 1970, on a effectué une autre sorte de recherche rétrospective concernant des adultes hétérosexuels et homosexuels : il en est ressorti des différences significatives d'orientation sexuelle dans les souvenirs des comportements sexués de l'enfance. De mon point de vue, le tournant fut l'étude faite à l'Institut Kinsey par Bell, Weinberg et Hammersmith (1981), qui attira l'attention. Dans un très bref chapitre de 8 pages, Bell *et al.* identifièrent des différences significatives entre hommes et femmes homosexuelles et hétérosexuelles dans leurs souvenirs portant sur les divers marqueurs de comportements considérés comme exemplaires de conformité ou de non-conformité au genre. Cependant, l'analyse de leur trajectoire faite par Bell *et al.* fut plus importante encore : elle montra que la non-conformité de genre dans l'enfance était le plus fort prédicteur de l'orientation sexuelle chez les hommes et le second pour l'orientation sexuelle des femmes. Néanmoins, l'étude rencontra des sceptiques.

Bailey et Zucker (1995) firent une méta-analyse de toutes les études rétrospectives ayant fait une comparaison quantitative entre hétérosexuels et homosexuels du même sexe en utilisant une mesure du comportement sexué de l'enfance. Ils trouvèrent 41 études, montrant 48 tailles de l'effet indépendantes : 32 comparaient des hommes hétérosexuels et homosexuels et 16 des femmes hétérosexuelles et homosexuelles. Le nombre total des participants était grand : 11 298 hétérosexuels, 5 734 homosexuels et 8 963 hétérosexuelles, 1 729 homosexuelles (taille médiane des échantillons : 189 ; dispersion 34 – 8 751).

En utilisant le *d* de Cohen, on trouva qu'il y avait, en moyenne, des différences substantielles dans l'ensemble des souvenirs des comportements sexués de l'enfance entre adultes hétérosexuels et homosexuels. Les homosexuels, hommes et femmes, se souvenaient de plus de comportements de l'autre sexe durant l'enfance que ne le faisaient leurs homologues hétérosexuels (les *d* étaient respectivement de 1,31 et 0,96). En effet, chaque étude examinée montra un effet significatif entre adultes hétérosexuels et homosexuels. Les spécialistes familiers avec la méta-analyse apprécieront que les tailles d'effet sont « grandes » selon les critères de Cohen (1988).

À la suite de la méta-analyse de Bailey et Zucker (1995), des résultats semblables furent rapportés dans d'autres études (résumés dans Zucker, 2008a) ; tous étaient en accord avec la méta-analyse. Il est, en vérité, tout à fait remarquable qu'il n'y ait jamais eu un résultat *nul* (à plus forte raison pas d'étude qui ait trouvé des adultes hétérosexuels se remémorant significativement plus de comportements de l'autre genre que les adultes homosexuels). Par conséquent, la mesure du souvenir des comportements sexués de l'enfance a montré une variation significative et substantielle entre adultes hétérosexuels et homosexuels (pour une étude importante utilisant des vidéos tournées à la maison dans l'enfance en les comparant aux souvenirs à l'âge adulte, voir Rieger, Linsenmeier, Gygax et Bailey, 2008).

Les psychologues du développement ont depuis longtemps mis en évidence que les études rétrospectives ont des pièges méthodologiques potentiels, y compris la supposition d'un souvenir biaisé (la mémoire construit et reconstruit) ou le simple oubli, mais la proclamation plus péremptoire que la recherche rétrospective est inévitablement fallacieuse est clairement une hypersimplification (*e.g.* Brewin, Andrews et Gotlib, 1993 ; Yarrow, Campbell et Burton, 1970). Malgré l'accord des études rétrospectives, il est probable que les sceptiques argumenteront que ce n'est pas du tout surprenant en raison du « maître mot » assez répandu dans la culture occidentale qui suppose un lien entre l'« inversion de genre » et l'homosexualité. Parce que quelques-unes des études incluent des participants en dehors de l'Amérique du Nord et de l'Europe, on devrait étendre l'hypothèse du « maître mot » à ces cultures aussi. Un problème avec cette hypothèse est que les efforts pour tenter une expérimentation en forme pour la réfuter sont rares.

Une autre ligne de recherche parle contre cette hypothèse. Par exemple, une étude d'hommes et de femmes hétérosexuels et homosexuels a montré une corrélation significative entre les souvenirs rappelés de ses comportements sexués par le probant et les cotations du probant faites par sa mère (Bailey, Willerman et Parks, 1991 ; voir aussi Bailey, Miller et Willerman, 1993). On pourrait naturellement avancer l'argument que les mères ont aussi internalisé le « maître mot » (une folie à deux culturelle), mais il n'y a pas de raison de croire que cela aboutirait à des corrélations significatives entre pairs.

Il y a pourtant une mise en garde plus fondamentale à l'égard des études rétrospectives : la possibilité de disjonction entre données rétrospectives et données prospectives. Sur ce sujet, les développementalistes aiment à citer une remarque importante de Freud (1920) :

> Tant que nous suivons le développement en partant de son résultat final pour retourner en arrière, ce qui se met en place sous nos yeux, c'est une cohérence sans lacunes, et nous tenons notre vision des choses pour pleinement satisfaisante, peut-être pour exhaus-

tive. Si pourtant nous prenons le chemin inverse, partant des présuppositions trouvées [...] et cherchant à suivre celles-ci jusqu'au
résultat, alors l'impression d'un enchaînement nécessaire qu'on ne
saurait déterminer d'une autre façon nous quitte complètement.
Nous remarquons aussitôt que quelque chose d'autre aurait pu
en résulter, et cet autre résultat, nous l'aurions tout aussi bien
compris et nous aurions pu l'élucider. La synthèse n'est donc pas
aussi satisfaisante [...] ; en d'autres termes, nous ne serions pas
en mesure, à partir de la connaissance des présuppositions, de
prédire la nature du résultat. (Freud, OCF.P, 15, p. 257-258.)

C'est pourquoi, entre autres raisons, la relation entre
comportements sexués de l'enfance, identité de genre ultérieure et orientation sexuelle devrait être étudiée prospec-
tivement, tout comme n'importe quel autre paramètre
développemental. Les données prospectives vont-elles montrer une convergence ou une divergence avec les données
rétrospectives ?

Études prospectives

Quand un enfant se présente au clinicien avec un
ensemble de comportements qui correspond au diagnostic GID du *DSM*, beaucoup de parents demandent à être
informés de la trajectoire développementale à long terme.
Leur enfant va-t-il continuer à éprouver une dysphorie de
genre et, finalement, demander un traitement biomédical
(hormones et chirurgie de réassignation génitale) et vouloir
« officiellement » effectuer une transition pour vivre dans le
genre désiré ? Leur enfant va-t-il « se désister », renoncer,
et devenir plus confortable dans une identité de genre qui
correspond à son sexe de naissance ? Quelle que soit son

identité de genre à long terme, comme va se différencier son orientation sexuelle ? Leur enfant va-t-il être attiré par des hommes, des femmes, les deux ou personne ?

À la fin des années 1980, Green (1987) a rapporté les résultats du suivi à long terme de garçons avec GID (pour d'autres études de suivis disponibles à cette époque, voir le résumé dans Zucker et Bradley, 1995, p. 283-290). L'étude de Green portait sur 66 garçons féminins et 56 garçons contrôles évalués initialement à un âge moyen de 7,1 ans (dispersion 4-12). Au moment du suivi (âge moyen 18,9 ans ; dispersion 12-24), des données furent disponibles pour 44 des garçons féminins et 30 des garçons contrôles. Lors du suivi, l'identité de genre fut évaluée par un entretien clinique et l'orientation sexuelle par un entretien semi-structuré, où la cotation de Kinsey sur une échelle de 7 points fut faite pour les fantasmes et les comportements, allant d'une hétérosexualité exclusive à une homosexualité exclusive définies en fonction du sexe de naissance du participant.

Dans l'étude de suivi de Green, il n'y eut quasiment pas de preuve de la persistance du GID : un seul (2,2 %) des 44 garçons féminins fut considéré comme dysphorique de genre au moment du suivi. Les autres parurent à l'aise dans une identité de genre masculine. Quant à l'orientation sexuelle, 75 à 80 % des garçons féminins se classèrent bisexuels ou homosexuels, dans leurs fantasmes ou leurs comportements, lors du suivi contre 0 à 4 % des garçons contrôles. Ainsi, d'un côté l'étude de Green n'apporte qu'une maigre preuve (un cas) de continuité prospective pour la différenciation de l'identité de genre à long terme quand on compare avec les souvenirs d'adultes avec GID ; de l'autre côté, elle apporte une preuve beaucoup plus forte de la continuité pour la différenciation de l'orientation

TABLEAU I – **Résumé des trois nouvelles études de suivi d'enfants avec dysphorie de genre**

Étude	N/Sexe	Âge à l'évaluation (en années)		Âge lors du suivi (en années)		Dysphorie de genre (%)	Bisexuel/ homosexuel dans les fantasmes (%)	Bisexuel/ homosexuel dans les comportements (%)
		M	SD	M	SD			
Wallien et Cohen-Kettenis (2008)	59/M 18/F	8,3 8,6	2,0 1,5	19,4 18,7	3,4 2,7	20,3 50,0	81/68[a] 70/100[a]	79[b] 60[b]
Drummond *et al.* (2008)	25/F	8,8	3,1	23,2	5,8	12,0	32[c]	24[c]
Singh (2012)	139/M	7,4	2,6	20,5	5,2	12,2	63,6[d]	47,2[d]

N.B. M = mâle à la naissance ; F = femelle à la naissance.

[a] Le premier chiffre provient de questions portant sur les « fantasmes » et le second chiffre provient de questions portant sur l'« attirance » (voir un matériel supplémentaire dans l'article à www.jaacap.com). Pour les participants mâles, leur nombre était 21 pour les fantasmes et 37 pour l'attirance ; pour les participants femelles, leur nombre était 3 pour les fantasmes et 10 pour l'attirance.

[b] Pour les participants mâles, N = 19 ; pour les participants femelles, N = 5 (voir Wallien et Cohen-Kettenis, 2008, tableau 5).

[c] Pour les fantasmes, le dénominateur inclut un participant qui ne rapporta aucun fantasme sexuel ; pour les comportements, le dénominateur inclut 8 participants qui n'avaient pas encore eu de rapports sexuels (voir Drummond *et al.*, 2008, tableau 3).

[d] Pour les fantasmes, N = 129, y compris 4 participants qui ne rapportèrent aucun fantasme sexuel ; pour les comportements, N = 108, y compris 28 participants qui ne rapportèrent aucun comportement sexuel (voir Singh, 2012, tableaux 9-10).

sexuelle quand on la compare aux souvenirs des adultes homosexuels.

Trois nouvelles études de suivi fournissent maintenant une base de comparaison avec Green : Drummond, Bradley, Peterson-Badali et Zucker (2008), Wallien et Cohen-Kettenis (2008) et Singh (2012). Deux de ces études ont été faites dans ma propre consultation et la troisième fut conduite dans la seule consultation pour identité de genre pour enfants des Pays-Bas.

Dans le tableau 1, on peut voir que le taux de persistance des GID est plus élevé dans ces trois nouvelles études de suivi, avec une dispersion de 12 % à 50 %, alors que le taux de persistance était de 2,2 % dans l'étude de Green. La variation la plus notable était entre les deux échantillons de filles suivies (12 % *versus* 50 %), mais la taille des échantillons était assez petite, si bien qu'il serait imprudent de surinterpréter la signification de cette variante. En ce qui concerne l'orientation sexuelle, une majorité substantielle des hommes sont homosexuels/bisexuels dans leurs fantasmes et la moitié au moins le sont dans leurs comportements. Pour les femmes, un tiers à un quart des participantes dans Drummond *et al.* étaient homosexuelles ou bisexuelles, ce qui est un pourcentage notablement plus bas que celui de Wallien et Cohen-Kettenis, mais leur étude a seulement un maximum de 10 participantes pour ces cotations.

De ces nouvelles études de suivi, on peut tirer quelques conclusions provisoires :

1° À l'exception des données portant sur les femmes de Wallien et Cohen-Kettenis, le pourcentage d'enfants avec GID avec dysphorie de genre persistant à la fin de l'adolescence ou à l'âge de jeune adulte est bas. Le taux de persistance est certainement plus bas que celui trouvé chez les patients GID évalués pour la première fois à l'adolescence et non dans l'enfance (voir Zucker *et al.*, 2011).

2° Pour les enfants mâles, les nouvelles études confirment à coup sûr les constats de Green que des comportements très féminins chez les garçons sont associés à une orientation sexuelle bisexuelle ou homosexuelle à l'adolescence et à l'âge adulte, à un taux spectaculairement plus élevé que le taux de base chez les hommes qu'on trouve dans les études épidémiologiques (peut-être autour de 2 - 3 % en utilisant des méthodes rigoureuses d'évaluation et pas plus de 10 % en utilisant des mesures plus souples).

3° Pour les femmes, le nombre de représentantes inclus dans le suivi est encore très faible, mais même le pourcentage de l'étude de Drummond *et al.* (2008) suggère évidemment un taux beaucoup plus élevé d'orientation bisexuelle/homosexuelle que ce qu'on prédirait à partir des recherches épidémiologiques.

Prédicteurs de l'identité de genre à long terme

Un défi clé pour les théories développementales de la différenciation psychosexuelle est donc de rendre compte de la disjonction entre données rétrospectives et prospectives quant à la persistance des troubles de l'identité de genre. En ce qui concerne les enfants avec GID, nous avons besoin de comprendre pourquoi, pour la majorité d'entre eux, la dysphorie de genre se dissipe à l'adolescence, si ce n'est plus tôt.

Une explication possible est un biais de référence. Green (1974) évoque la possibilité que les enfants avec GID adressés pour une évaluation clinique (et donc, dans certains cas, pour une thérapie) viennent de familles veillant avec plus de soin sur leurs enfants que ce n'est le cas pour les adolescents et les adultes dont la majorité n'a pas fait l'objet d'une évaluation clinique et d'un traitement pendant l'enfance. L'évaluation clinique et l'intervention thérapeutique qui s'ensuit pendant l'enfance peuvent modifier l'histoire naturelle du GID. Bien sûr, c'est seulement une explication de la disjonction et il peut y avoir des facteurs additionnels qui permettraient de distinguer les enfants beaucoup plus susceptibles de persister de ceux qui ne le sont pas.

Une des explications invoque les concepts de malléabilité et de plasticité développementales. Il est possible, par exemple, que l'identité de genre fasse montre d'une relative malléabilité pendant l'enfance, avec une restriction graduelle de la plasticité quand le sentiment de soi comme appartenant à un genre se consolide à l'approche de l'adolescence. Comme on l'a noté plus haut, un soutien pour cette idée vient des études de suivi d'adolescents avec GID, qui semblent montrer un taux plus élevé de persistance des GID suivis à l'âge de jeune adulte.

Tout cela se situe dans un contexte particulier. Les échantillons étudiés proviennent d'études prospectives cliniques faites dans une période historique où les lignes directrices prédominantes pour le traitement étaient d'essayer d'aider un enfant à se sentir plus confortable avec une identité de genre en accord avec son sexe de naissance, ou au moins à ne pas « encourager » une identité de genre de l'autre sexe (Zucker, Wood, Singh et Bradley, 2012). Nous avons assisté, ces dernières années, à un changement spectaculaire. Par exemple, il y a maintenant un mouvement en faveur d'une transition de genre précoce, une sous-culture (*e.g.* http://www.transkidspurplerainbow.org/) : certains cliniciens et certains parents considèrent l'identification précoce de l'enfant à l'autre genre comme une partie fixe, inaltérable, essentielle du sentiment de soi de l'enfant. Ces cliniciens recommandent donc que le jeune enfant commence sa transition sociale vers le genre désiré longtemps avant la puberté, dans certains cas, dès les années préscolaires (*e.g.* Byne *et al.*, 2012 ; Saeger, 2006 ; Vanderburgh, 2009) et ces parents mettent en pratique cette approche de leur propre chef.

À certains égards, cette approche de gestion clinique peut être conceptualisée comme une alternative aux approches préconisées dans le vieux « *treatment-as-usual* » (TAU[1]) qui partagent le but sous-jacent de diminuer, ne pas soutenir le désir intense d'être de l'autre genre. On pourrait même aller jusqu'à soutenir que cette approche contemporaine est une sorte d'expérimentation sociale de *nurture*, d'éducation[2]. On pourra ainsi examiner si le taux de GID persistant est plus élevé parmi ces enfants qui font une transition sociale précoce vers le genre désiré qu'avec les approches « TAU ».

Steensma, McGuire, Kreukels, Beekman et Cohen-Kettenis (2013) ont apporté la première preuve empirique : ce paraît être le cas, au moins pour les garçons de naissance. Steensma et ses collaborateurs ont suivi 127 enfants (79 garçons de naissance, 48 filles de naissance) de l'âge moyen à l'évaluation 9,1 ans (dispersion 6-12) jusqu'à l'âge moyen de 16,1 ans (dispersion 15-19). Au moment

---

1. *Tau* est la prononciation de la lettre grecque « τ ». Le « traitement comme d'habitude » est celui dont les recherches selon les critères de l'*evidence-based medicine* vont montrer le caractère archaïque, non scientifique, inefficace (*NdT*).

2. *Nurture* : éducation conçue comme ce qui s'oppose à la *nature* (*NdT*).

de l'évaluation dans l'enfance, Steensma *et al.* ont classifié 12 (15,1 %) des garçons de naissance et 27 (56,2 %) des filles de naissance comme ayant déjà fait une transition sociale, soit partielle, soit totale, en vivant dans le rôle de l'autre sexe. Lors du suivi, les participants furent classifiés comme *persisters*, « persistants », ou *desisters*, « renonçants ». Sur les 79 garçons de naissance, un plus grand pourcentage de persistants avait fait une transition sociale dans l'enfance en comparaison des renonçants (42,4 % *versus* 3,6 %) ; les chiffres correspondants pour les filles étaient de 58,4 % *versus* 45,8 % respectivement. Dans la régression logistique pour les garçons de naissance, une transition de genre précoce a prédit indépendamment la persistance, mais ce n'était pas le cas pour les filles de naissance. Au moins pour les garçons de naissance, on peut donc avancer que l'« acte » de transition de genre précoce a eu une sorte d'effet de feed-back en contribuant à la persistance du GID. Pour les filles de naissance, toutefois, une transition sociale de genre n'a pas paru avoir le même effet (voir plus bas). Il est possible que la raison de la différence entre les sexes tienne à la complexité de définir ce qui constitue exactement une transition sociale de genre. Pour de nombreux garçons avec dysphorie de genre, ils pourraient aller à l'école en portant des vêtements typiques du genre féminin, mais ils ne le font pas, ainsi ils restent perçus comme des garçons là où bien plus de filles avec dysphorie de genre portent des vêtements de garçon et ont les cheveux coupés très courts et peuvent être perçues comme des garçons ; ainsi, au moins en partie, des garçons de naissance devraient en faire plus pour être classifiés comme ayant fait une transition sociale que les filles de naissance. En effet, le pourcentage de garçons de naissance classifiés comme ayant fait leur transition sociale est beaucoup plus faible que celui des filles de naissance (15,1 % *versus* 56,2 %) (Steensma *et al.*, 2013). Dans ces nouvelles études de suivi, la variabilité de l'identité de genre finale est suffisante pour faire apparaître des prédicteurs variés. Dans les trois études de suivi, les mesures dimensionnelles d'identité et de rôle comportemental de l'autre genre dans l'enfance prédisent la persistance du GID. Les enfants dont l'identité et le comportement de l'autre genre sont extrêmes sont plus susceptibles d'être des persistants que des renonçants. Ainsi, même à l'intérieur d'échantillons d'enfants ayant un comportement sexué variant marqué, le caractère extrême du phénotype permettrait de prédire l'évolution de l'identité de genre. Pour Singh (2012), être plus âgé à l'évaluation dans l'enfance prédisait marginalement la persistance (à p = .09) et un milieu de classe sociale inférieure prédisait significativement la persistance (p < .001), indépendamment des dimensions du composite du comportement de l'autre sexe.

Pourquoi, pourrait-on demander, un niveau socio-économique bas prédirait-il la persistance dans un échantillon d'enfants GID ? Une des premières études dans la littérature sur le développement normatif du genre a rapporté que les enfants de la « classe ouvrière » avaient une connaissance plus précoce du comportement « approprié au sexe » que les enfants des classes moyennes (Rabban, 1950) et une étude ultérieure avait constaté que les garçons des niveaux socio-économiques inférieurs avaient des comportements sexués plus traditionnels que les garçons des niveaux socio-économiques supérieurs (Hall et Keith, 1964), mais il n'y avait pas d'effet significatif de la classe sociale pour les filles.

Singh (2012) a spéculé sur la possibilité que les garçons GID des familles de niveau socio-économique inférieur aient des notions plus « rigides » sur les variations intrasexe des comportements sexués et que, plus tard, rendre acceptable une orientation sexuelle homosexuelle (sans « devenir » une femme pour « normaliser » une telle attirance) intensifie le désir d'appartenir à l'autre genre. Ainsi, la variation interclasse sociale de l'acceptabilité de l'homosexualité fut avancée comme une variable médiatrice potentielle. Sur ce point, il y a quelques faits intéressants suggérant que les hommes gays de classe sociale élevée sont plus susceptibles de déféminisation de leur comportement au cours de la vie que les hommes gays de classe sociale inférieure (Harry, 1985). On a dit que, à l'intérieur de la sous-culture gay, un comportement extrêmement efféminé était négativement apprécié. Il est possible, par conséquent, que les hommes avec des comportements de l'autre genre persistants soient sujets à un rejet de la part de partenaires sexuels potentiels (voir Taywaditep, 2001). Un rejet systématique peut prédisposer certains de ces individus à considérer la transition au rôle de genre féminin comme une alternative à la vie en tant qu'homme homosexuel.

Conclusion

En résumé, le clinicien contemporain qui travaille avec des enfants ayant un GID peut considérer que la persistance de la dysphorie de genre à long terme est loin d'être inévitable, au moins si l'on s'appuie sur les études de suivi publiées à ce jour. Cela doit être pris en compte quand on élabore un plan thérapeutique. Nous sommes actuellement dans un moment où il y a un débat aigu au sujet de la meilleure pratique pour les GID des enfants (Byne *et al.*,

2012 ; Zucker, 2008b). Les variations dans les approches thérapeutiques sont intimement liées aux hypothèses philosophiques et théoriques sur la nature des GID : d'un côté, des approches essentialistes, par exemple, suggèrent que la dysphorie de genre est une partie fixée et inaltérable du sentiment de soi de l'enfant ; de l'autre côté d'autres modèles suggèrent que la dysphorie de genre ne peut être comprise que dans une formulation multifactorielle, biopsychosociale, qui laisse la porte ouverte à des approches thérapeutiques ayant le potentiel d'influencer la trajectoire du développement sans les complexités d'un traitement hormonal et de la chirurgie de réassignation du sexe. Nous avons un besoin urgent d'études de suivi qui non seulement examinent les effets des différentes approches thérapeutiques sur la différenciation psychosexuelle à long terme, mais encore sur l'adaptation psychosociale en évaluant la qualité de vie en général.

RÉFÉRENCES

American Psychiatric Association (2000), *Diagnostic and Statistical Manual of Mental Disorders*, Washington D.C., 4ᵉ éd., text. rev.

American Psychiatric Association (2013), *Diagnostic and Statistical Manual of Mental Disorders*, Washington D.C., 5ᵉ éd.

Bailey J. M., Willerman L. et Parks C. (1991), « A test of the maternal stress theory of human male homosexuality », *Archives of Sexual Behavior*, 20, p. 277-293.

Bailey J. M., Miller J. S. et Willerman L. (1993), « Maternally rated childhood gender nonconformity in homosexuals and heterosexuals », *Archives of Sexual Behavior*, 22, p. 461-469.

Bailey J. M. et Zucker K. J. (1995), « Childhood sex-typed behavior and sexual orientation : A conceptual analysis and quantitative review », *Developmental Psychology*, 31, p. 43-55.

Bell A. P., Weinberg M. S. et Hammersmith S. K. (1981), *Sexual Preference. Its Development in Men and Women*, Bloomington, Indiana University Press.

Brewin C. R., Andrews B. et Gotlib I. H. (1993), « Psychopathology and early experience : A reappraisal of retrospective reports », *Psychological Bulletin*, 113, p. 82-98.

Brown P. L. (2006), « Supporting boys or girls when the line isn't clear », *New York Times*, 2 décembre, p. A1 et A11.

Byne W., Bradley S. J., Coleman E., Eyler A. E., Green R., Menvielle E. J. et Tompkins D. A. (2012), « Report of the American Psychiatric Association task force on treatment of gender identity disorder », *Archives of Sexual Behavior*, 41, p. 759-796.

Cohen J. (1988), *Statistical Power Analysis for the Social Sciences*, Hillsdale (NJ), Lawrence Erlbaum Associates, 2de éd.

Deogracias J. J., Johnson L. L., Meyer-Bahlburg H. F. L., Kessler S. J., Schober J. M. et Zucker K. J. (2007), « The gender identity/gender dysphoria questionnaire for adolescents and adults », *Journal of Sex Research*, 44, p. 370-379.

Drummond K. D., Bradley S. J., Peterson-Badali M. et Zucker K. J. (2008), « A follow-up study of girls with gender identity disorder », *Developmental Psychology*, 44, p. 34-45.

Freud S. (1920), « The psychogenesis of a case of homosexuality in a woman », *in* J. Strachey (éd.), *Standard Edition of The Complete Psychological Works of Sigmund Freud*, Londres, Hogarth Press, 1955, vol. 18, p. 147-172.

Green R. (1974), *Sexual Identity Conflict in Children and Adults*, New York, Basic Books.

Green R. (1987), *The « Sissy Boy Syndrome » and the Development of Homosexuality*, New Haven (CT), Yale University Press.

Grumbach M. M., Hughes I. A. et Conte F. A. (2003), « Disorders of sex differentiation », *in* P. R. Larsen, H. M. Kronenberg, S. Melmed et K. S. Polonsky (éd.), *Williams Textbook of Endocrinology*, Philadelphie, W. B. Saunders, 10e éd., p. 842-1002.

Hall M. et Keith R. A. (1964), « Sex-role preferences among children of upper- and lower social class », *Journal of Social Psychology*, 62, p. 101-110.

Harry J. (1985), « Defeminization and social class », *Archives of Sexual Behavior*, 14, p. 1-12.

Kohlberg L. (1966), « A cognitive-developmental analysis of children's sex-role concepts and attitudes », *in* E. E. Maccoby (éd.), *The Development of Sex Differences*, Stanford (CA), Stanford University Press, p. 82-173.

Le Heuzey M. F. (2013), « Gender identity disorder in children and adolescents », *Archives de pédiatrie*, 20, p. 318-322.

Martin C. L., Ruble D. N. et Szkrybalo J. (2002), « Cognitive theories of early gender development », *Psychological Bulletin*, 128, p. 903-933.

Padawar R. (2012), « Boygirl », *New York Times Magazine*, 12 août, p. 18-23, 36, 46.

Rabban M. (1950), « Sex-role identification in young children from two diverse social groups », *Genetic Psychology Monographs*, 42, p. 81-158.

Rieger G., Linsenmeier J. A., Gygax L. et Bailey J. M. (2008), « Sexual orientation and childhood gender nonconformity : Evidence from home videos », *Developmental Psychology*, 44, p. 46-58.

Rosin H. (2008), « A boy's life », *The Atlantic*, novembre, p. 56-71.

Ruble D. N., Martin C. L. et Berenbaum S. A. (2006), « Gender development », *in* W. Damon et R. M. Lerner (dir.), *Handbook of Child Psychology*, vol. 3, N. Eisenberg (éd.) : *Social, Emotional, and Personality Development*, New York, Wiley, 6ᵉ éd., p. 858-932.

Saeger K. (2006), « Finding our way : Guiding a young transgender child », *Journal of GLBT Family Studies*, 2 (3/4), p. 207-245.

Santiago R. (2006), « 5-year-old "girl" starting school is really a boy », *The Miami Herald*, 10 juillet.

Schwartzapfel B. (2013), « Born this way ? », *The American Prospect*, 14 mars. Disponible sur http://prospect.org/article/born-way.

Singh D. (2012), *A Follow-up Study of Boys with Gender Identity Disorder*, thèse de doctorat non publiée, Université de Toronto.

Steensma T. D., McGuire J. K., Kreukels B. P. C., Beekman A. J. et Cohen-Kettenis P. T. (2013), « Factors associated with desistence and persistence of childhood gender dysphoria : A quantitative follow-up study », *Journal of the American Academy of Child and Adolescent Psychiatry*, 52 (6), p. 582-590.

Stoller R. J. (1964), « The hermaphroditic identity of hermaphrodites », *Journal of Nervous and Mental Disease*, 139, p. 453-457.

Stoller R. J. (1968), *Sex and Gender*, vol. I : *The Development of Masculinity and Femininity*, New York, Jason Aronson.

Taywaditep K. J. (2001), « Marginalization among the marginalized : Gay men's anti-effeminacy attitudes », *Journal of Homosexuality*, 42 (1), p. 1-28.

Vanderburgh R. (2009), « Appropriate therapeutic care for families with pre-pubescent transgender/gender-dissonant children », *Child and Adolescent Social Work Journal*, 26, p. 135-154.

Vilain E. (2000), « Genetics of sexual development », *Annual Review of Sex Research*, 11, p. 1-25.

Wallien M. S. C. et Cohen-Kettenis P. T. (2008), « Psychosexual out-come of gender dysphoric children », *Journal of the American Academy of Child and Adolescent Psychiatry*, 47, p. 1413-1423.

Yarrow M. R., Campbell J. D. et Burton R. V. (1970), « Recollections of childhood : A study of the retrospective method », *Monographs of the Society for Research in Child Development*, 35 (5), n° 138.

Zucker K. J. (2008a), « Reflections on the relation between sex-typed behavior in childhood and sexual orientation in adulthood », *Journal of Gay and Lesbian Mental Health*, 12 (1-2), p. 29-59.

Zucker K. J. (2008b), « Children with gender identity disorder : Is there a best practice ? » [« Enfants avec troubles de l'identité sexuée : y a-t-il une pratique la meilleure ? »], *Neuropsychiatrie de l'enfance et de l'adolescence*, 2008, 56, p. 358-364.

Zucker K. J. et Bradley S. J. (1995), *Gender Identity Disorder and Psychosexual Problems in Children and Adolescents*, New York, Guilford Press.

Zucker K. J., Bradley S. J., Owen-Anderson A., Singh D., Blanchard R. et Bain J. (2011), « Puberty-blocking hormonal therapy for adolescents with gender identity disorder : A descriptive clinical study », *Journal of Gay and Lesbian Mental Health*, 15, p. 58-82.

Zucker K. J., Wood H., Singh D. et Bradley S. J. (2012), « A developmental, biopsychosocial model for the treatment of children with gender identity disorder », *Journal of Homosexuality*, 59, p. 369-397.

Enfin des preuves solides de la plasticité du cerveau chez l'humain ! Stress et amélioration du stress chez les enfants prématurés

---

CAROL NEWNHAM

Depuis les années 1990, décennie du cerveau, de plus en plus de disciplines scientifiques se sont impliquées dans l'étude du fonctionnement du cerveau, de son développement et plus particulièrement de sa plasticité. La plasticité cérébrale est non seulement admise au sein des neurosciences, mais suscite l'intérêt du public et donne lieu à des livres (Doidge, 2007), des « applications » et des jeux, qui rencontrent un grand succès. La plupart s'appuient sur la recherche et proposent d'aider le cerveau à se développer, à s'adapter et à survivre. Le livre à succès de Doidge, *The Brain that Changes Itself*, présente des études de cas de personnes atteintes de troubles auparavant incurables, que des interventions neuroplastiques ont aidées : divers troubles des apprentissages, cécité, troubles de l'équilibre et sensoriels, accidents vasculaires cérébraux, paralysie cérébrale, douleur chronique, dépression et anxiété chroniques, trouble obsessionnel-compulsif. L'intérêt suscité n'a rien d'étonnant car la capacité d'améliorer un cerveau en développement pour restaurer des fonctions perdues ou conserver les fonctions actuelles donne de l'espoir et un objectif à ces personnes (ou aux parents des enfants) dont les cerveaux ont subi certains dommages. La science de la plasticité du cerveau a fait son entrée dans les boutiques.

Sur le plan théorique, la plasticité cérébrale est généralement admise, mais en clinique son application sous forme d'interventions visant à favoriser un développement optimal du cerveau chez les nourrissons est pour ainsi dire inexistante. Pour que des interventions soient financées, elles doivent s'appuyer sur des preuves ; mais la nature même des lésions cérébrales et les exigences éthiques relatives à la recherche sur des sujets humains rendent difficiles, voire impossibles, la plupart des études randomisées contrôlées. Il peut être difficile de « vendre » que des professionnels de santé et des structures privées proposent, pour des enfants avec troubles du développement, des interventions qui sont fondées sur des données convergentes plutôt que sur des preuves. Nous manquons encore d'interventions précoces pour les enfants prématurés, chez qui l'incidence de problèmes de développement est relativement élevée, mais aussi pour les enfants chez qui un handicap est connu (Roberts, Howard, Spittle, Brown, Anderson et Doyle, 2008). Un certain nombre des difficultés n'apparaissent chez les enfants prématurés qu'une fois qu'ils sont scolarisés, et lors de l'apprentissage parmi les pairs, les difficultés cognitives deviennent de plus en plus lourdes et visibles.

Développement du cerveau

Le cerveau se construit selon des séquences bien ordonnées, mais qui se chevauchent (voir Perry, 2002). Les neurones se développent, migrent vers leur destination finale, forment des couches et des colonnes prédestinées, les axones et les dendrites grandissent et les synapses se forment, afin que l'information circule d'un neurone à l'autre. Ces « branches » neuronales sont myélinisées selon des séquences spécifiques, pour accélérer la transmission des informations, traduisant le développement fonctionnel de l'enfant. Les axones sont pratiquement terminés autour de 40 semaines, les dendrites et les synapses se développent surtout dans les deux premières années, et la myélinisation se produit à différents moments, dans différentes régions du cerveau, jusqu'à la fin de l'adolescence. Alors même que les dendrites se forment encore, certaines sont élaguées selon le principe : « ce qui n'est pas utilisé disparaît » ; elles se développent tout au long de la vie, tant qu'il y a apprentissage. Une grande partie du développement et de l'élagage des connexions (dendrites et synapses) dépend de l'expérience. Les activités et l'environnement de l'enfant modèlent de façon active la microarchitecture du cerveau. Pour certaines compétences, incluant par exemple le développement de la vision en trois dimensions (Wiesel et Hubel, 1963), il existe des périodes critiques, où la fenêtre se ferme (expérience critique). Pour la plupart des autres compétences, la plasticité du cerveau est dépendante de l'expérience, et l'apprentissage s'exerce tout au long de la vie, avec des changements dans ses assises neuronales.

Deux facteurs environnementaux auraient un impact sur le développement du cerveau des nouveau-nés prématurés : l'augmentation du stress par les interventions médicales et la privation maternelle. Selon la littérature concernant les prématurés, le stress pourrait affecter négativement le cerveau de ces enfants, connus pour être à risque de problèmes dans tous les domaines et avec tous les niveaux de sévérité. Chez les prématurés, les stress aigus (par exemple, les procédures médicales) et chroniques (par exemple, la vie dans une unité de soins intensifs de néonatalogie), et l'exposition à des taux élevés d'hormones du stress, comme le cortisol et d'autres glucocorticoïdes, influeraient sur l'architecture du cerveau en développement, dans les zones impliquées dans le développement ultérieur de compétences, notamment la mémoire, la régulation des émotions et de l'attention, les fonctions qui seront liées ultérieurement aux performances scolaires de l'enfant et à sa réactivité émotionnelle et comportementale (Gunnar et Barr, 1998). Des expériences de vie stressantes peuvent entraîner une perte de neurones, de synapses et de dendrites (McEwen et Sapolsky, 1995).

De nombreux chercheurs ont mis en avant une association entre stress précoce et développement atypique du cerveau, et de multiples études et modèles montrent comment cela peut se produire (par exemple, Doidge, 2007 ; Perry et Pollard, 1997 ; Schore, 2001 ; Grunau, 2002 ; Bhutta et Anand, 2002 ; Gunnar et Quevedo, 2007). Les preuves substantielles (« solides ») de cette association proviennent surtout d'études chez l'animal, qu'il est possible, au cours d'essais contrôlés randomisés, d'exposer à de faibles niveaux de stress à des périodes précises de son développement, tout en mesurant le volume et la chimie du cerveau, après sacrifice de l'animal. Chez l'homme, des preuves « modérées » mais cohérentes sont apportées par des études pendant la grossesse, sur des enfants élevés dans des orphelinats, sur des femmes enceintes stressées et sur des enfants maltraités.

Études chez l'animal

Les études chez l'animal (principalement chez les rongeurs) montrent que les expériences précoces programment les systèmes cérébraux de réponse au stress, qui ont à leur tour une incidence négative sur différentes fonctions ultérieures, notamment le développement moteur et la locomotion, les apprentissages et les cognitions, les compétences sociales et émotionnelles, la réactivité comportementale aux stimuli aversifs et à la séduction, et les comportements maternels (voir la revue de Kofman, 2002). Concernant le développement cérébral, il a été montré que l'anxiété et le stress maternels pendant la grossesse affectent le développement du cerveau chez le fœtus, notamment l'hippocampe (impliqué chez les rongeurs dans la mémoire, l'apprentissage relationnel et spatial), la régulation du système de réponse au stress hypothalamo-hypophyso-surrénalien (HHS) et le développement du cortex préfrontal (impliqué dans l'inhibition comportementale) (Kofman, 2002). Dans les études où de très jeunes animaux sont exposés à des facteurs de stress spécifiques, beaucoup de ces facteurs sont de même nature que des expériences que vivent les nouveau-nés prématurés, notamment la douleur, la privation maternelle et l'administration de corticostéroïdes (Charil, Laplante, Vaillancourt et King, 2010). Les glucocorticoïdes sont le produit final du système de réponse au stress HHS, et avec d'autres hormones du système du stress ils permettent la libération d'énergie, activent le système immunitaire et facilitent des comportements adaptatifs (Bohus, DeKloet et Veldhuis, 1982). Les résultats d'études sur les primates non humains sont cohérents avec les résultats concernant les rongeurs, sur l'idée que le stress précoce affecte négativement le système de stress HHS et le cortex préfrontal (Gunnar et Quevedo, 2008).

Études chez l'être humain

Chez les êtres humains, ces manipulations n'étant pas possibles, les preuves de la relation entre stress précoce et développement atypique du cerveau sont en grande partie indirectes : dans les populations qui sont connues pour avoir expérimenté un stress précoce, on constate par la suite des changements au niveau du cerveau et des paramètres fonctionnels.

ÉTUDES EN ORPHELINATS

Les enfants qui ont été élevés dans des orphelinats d'Europe de l'Est, puis adoptés par des familles à différents âges constituent une population naturelle pour l'étude des effets de la privation et de la négligence précoces. En général, l'adoption par des familles occidentales a amélioré le soutien et atténué les privations. Alors qu'il est impossible de quantifier avec précision pour chaque enfant le niveau de privation précoce, on sait que dans de nombreux orphelinats l'environnement nécessaire pour soutenir un développement physique, cognitif et comportemental normal était absent, avec notamment une inadéquation de l'alimentation, des soins médicaux et des stimulations, et le manque d'une relation soignante qui soit soutenante et cohérente (Ames, 1997 ; Hodges et Tizard, 1989 ; Rutter, 1981, 1998 ; Verhulst *et al.*, 1990 ; Verhulst *et al.*, 1992). Les enfants adoptés après de longues périodes de soins institutionnels en Roumanie montraient ultérieurement des résultats scolaires inférieurs à ceux des enfants adoptés avant 6 mois (Beckett *et al.*, 2007). Précisons que les caractéristiques des parents adoptifs n'étaient pas corrélées aux résultats cognitifs des enfants (Croft *et al.*, 2007). Ces études montrent systématiquement que la privation précoce a des effets à long terme sur le fonctionnement cognitif.

En termes de développement du cerveau, une étude a montré que les substrats neuroanatomiques des compétences spécifiques qui étaient touchées concernaient la mémoire et l'attention visuelles et le contrôle inhibiteur (Pollack *et al.*, 2010). Même dans les institutions où les besoins physiques de base, tels que la nutrition, étaient satisfaits, les études portant sur des enfants après institutionnalisation, par exemple en Roumanie, ont montré une diminution bilatérale du métabolisme dans différentes zones du cerveau, notamment le gyrus orbital frontal, le cortex préfrontal, l'amygdale et l'hippocampe, et une diminution des faisceaux de substance blanche (Chugani *et al.*, 2001).

STRESS PENDANT LA GROSSESSE
CHEZ LES HUMAINS

Chez l'humain, le stress psychosocial prénatal peut affecter négativement le développement physiologique et comportemental du fœtus en développement (Wadhwa *et al.*, 2001). Les hormones du stress de la mère ont des effets sur le système nerveux autonome et le système nerveux central du fœtus, qui persistent après la naissance et s'expriment souvent sous la forme de troubles du développement et du comportement. Pendant la Seconde Guerre mondiale, la malnutrition des femmes enceintes néerlandaises (Susser et Lin, 1996) et le décès du père (Huttunen et Niskanen, 1978) étaient associés à une incidence plus élevée de schizophrénie chez leurs enfants. Le stress psychologique des mères qui étaient enceintes au cours de la guerre des Six-Jours en Israël a été associé à des troubles du comportement et du développement chez leurs descendants mâles (Meijer, 1985).

Il a été montré que les facteurs de stress individuels les plus courants, comme les conflits conjugaux et le faible niveau socio-économique, sont liés à des retards de développement ou des troubles de l'attention chez l'enfant (Biederman *et al.*, 1995 ; Mizoguchi *et al.*, 2000 ; Stott, 1973).

ÉTUDES SUR LES ENFANTS VICTIMES D'ABUS

La maltraitance dans l'enfance augmente le risque de troubles psychologiques et comportementaux ultérieurs (Manly *et al.*, 2001), et le risque et la gravité de ces troubles sont associés avec la période de survenue, l'intensité, la durée et le type des mauvais traitements (Manly *et al.*, 2001). Des troubles cognitifs globaux ont été observés chez les enfants négligés et maltraités (Pears et Fisher, 2005). Les études en imagerie sont aussi en faveur d'un impact de la négligence et de la maltraitance sur le développement du cortex préfrontal, avec une réduction globale du volume du cerveau et une diminution de la substance blanche dans le cortex préfrontal et le corps calleux (De Bellis, 2005).

Ainsi, nous disposons d'un bon nombre de preuves, issues d'études portant sur des populations exposées à un stress de façon naturelle et d'études chez l'animal, bien conduites, qui suggèrent que le stress précoce affecte négativement le développement du cerveau. Le problème avec les preuves dans les études chez l'humain, concernant l'association du développement du cerveau avec un stress anormal, c'est que la variable indépendante (stress) ne peut être mesurée avec précision, que de nombreux autres facteurs peuvent influencer les résultats des paramètres cérébraux (par exemple des facteurs intervenant au-delà de la période néonatale, comme les maladies ultérieures chez les prématurés et d'autres expériences de vie, comme l'usage de drogues chez les enfants maltraités), et que les périodes d'exposition au stress ne peuvent généralement pas être établies et homogènes au sein d'une population et d'une population à l'autre. Le problème avec les preuves dans les nombreuses études chez l'animal qui sont bien conduites, c'est de savoir dans quelle mesure nous pouvons extrapoler ces données à des populations humaines. Finalement, le problème vient de ce que les « preuves solides » en population humaine restent encore rares.

ÉTUDES DE L'EFFET DE L'ENVIRONNEMENT
SUR LA PLASTICITÉ CÉRÉBRALE
CHEZ LES ENFANTS PRÉMATURÉS

Les bébés prématurés représentent 7 à 12 % des nouveau-nés, selon leur pays de naissance. Les études de suivi à long terme de ces enfants montrent qu'ils sont à risque de problèmes de développement dans tous les domaines (cognitif, moteur, social, affectif, comportemental), avec tous les niveaux de sévérité, de léger à sévère, certains enfants pouvant présenter des difficultés dans plusieurs domaines du développement. Il est tacitement admis que ces problèmes fonctionnels viennent d'un certain niveau d'altération du cerveau de l'enfant, survenue pendant la période périnatale. De nombreuses études ont évalué l'influence de diverses complications médicales et des effets iatrogènes des interventions médicales. Les résultats montrent que : 1° il y aurait un gradient de risque, car plus la naissance a lieu tôt et les complications médicales sont nombreuses au cours de la période périnatale, plus les complications ultérieures sont sévères ; 2° les bébés prématurés, même nés près du terme, sont davantage à risque que les bébés nés à terme, et bien que leurs problèmes soient généralement moins sévères, ils représentent le groupe de prématurés le plus important, donc pour la collectivité leurs difficultés de développement représentent le coût le plus élevé.

Puisque nous savons qu'une proportion d'enfants prématurés présente généralement un risque augmenté de développer des problèmes ultérieurs, il semblerait utile d'identifier ces enfants le plus tôt possible pour proposer des interventions précoces. Pourtant, le diagnostic précoce est souvent difficile ; l'association entre naissance prématurée et complications médicales avec impact sur le développement est relativement rare et la plupart des problèmes de développement plus légers ne sont repérés que plus tard, souvent quand l'enfant est scolarisé. Les facteurs médicaux périnataux identifiés n'expliquent que 30 % de la variance des conséquences ultérieures sur le développement des enfants (Rickards *et al.*, 1993). Ainsi, 70 % de la variance doivent être expliqués par d'autres facteurs, éventuellement environnementaux. Cela ouvre des perspectives d'interventions sur certains de ces facteurs environnementaux, pour soutenir le développement des enfants.

Les naissances prématurées sont relativement fréquentes et si l'on veut les étudier, elles se produisent chaque année avec des chiffres prévisibles. Les bébés prématurés sont exposés à des niveaux variables de stress, liés aux interventions médicales indispensables – des interventions aiguës comme les ponctions du talon, injections intraveineuses, aspirations, ventilation ; et des stress chroniques, comme de longues durées de ventilation et de dispositifs intraveineux. Les chiffres concernant les problèmes de développement des prématurés sont prévisibles et les domaines touchés peuvent être évalués. Leurs scanners cérébraux peuvent aussi montrer les volumes des différentes formes de matière cérébrale dans des zones spécifiques et l'intégrité des tissus conjonctifs (par exemple : Inder *et al.*, 2003). Ainsi, la relation entre le stress et le développement cérébral et fonctionnel peut être évaluée dans cette importante population naturelle de nourrissons humains.

LES PREMIÈRES PREUVES « SOLIDES » CHEZ L'HUMAIN
DE L'EFFET DE L'ENVIRONNEMENT
SUR LA PLASTICITÉ CÉRÉBRALE

Als *et al.* (2007) publient une étude randomisée et contrôlée utilisant le Newborn Individualized Developmental Care and Assessment Program (NIDCAP)[1], première étude des effets sur le développement cérébral d'une intervention environnementale visant à réduire le stress des bébés en unité de soins intensifs de néonatalogie. NIDCAP vise à diminuer le stress du bébé en ajustant toutes les procédures de soins médicaux aux capacités actuelles de l'enfant à tolérer les manipulations. À 9 mois, en âge corrigé, le

---

1. Programme de soins de développement individualisés et d'évaluation pour nouveau-nés.

groupe qui a bénéficié de l'intervention montre un meilleur développement au niveau de divers aspects de l'architecture du cerveau et un meilleur fonctionnement comportemental. Les nourrissons qui ont reçu l'intervention ont également passé moins de jours sous oxygène, régulent mieux leurs réactions autonomes et motrices et ont une plus faible incidence de dysplasies broncho-pulmonaires et d'hémorragies intraventriculaires. L'intervention d'Als comprend de multiples composantes, parmi lesquelles deux ont été récemment étudiées séparément : les effets du stress et l'amélioration du stress en s'appuyant sur la mère comme « thérapeute ».

STRESS ET DOULEUR
CHEZ LES NOURRISSONS PRÉMATURÉS

Parce qu'ils sont exposés à des douleurs aiguës et chroniques répétées, on considère désormais qu'avec les nourrissons prématurés la meilleure pratique consiste à utiliser des stratégies de prévention et de gestion de la douleur (Anand, 2001). Alors que de nombreux outils d'évaluation de la douleur sont disponibles, une enquête australienne sur les unités de soins en néonatalogie a montré qu'en 2005 elles n'étaient que 6 % à utiliser régulièrement des scores d'évaluation de la douleur et seulement 15 % à avoir une politique organisée de gestion de la douleur au cours de procédures douloureuses (Harrison et al., 2005).

La Neonatal Infant Stress Scale (NISS)[1] a été développée pour suivre et mesurer le stress cumulatif des nouveau-nés hospitalisés (Newnham et al., 2009). Les justifications

---

1. Échelle de stress néonatal du nourrisson.

pour développer une évaluation des effets cumulatifs du stress sont les suivantes : 1° c'est l'expérience accumulée de nombreux incidents stressants et répétés, se produisant au fil du temps, qui a un effet délétère sur le développement cérébral et fonctionnel des nourrissons (McEwan, 2000) ; 2° si les procédures douloureuses sont probablement toujours stressantes, de nombreux événements non douloureux provoquent des réactions similaires aux réponses à la douleur chez le nouveau-né (Plotsky *et al.*, 2000). La NISS dresse la liste de 44 événements aigus et de 24 conditions de vie chroniques, avec un niveau de sévérité pour chaque item. Les scores de sévérité ont été calculés à partir d'une enquête auprès de 150 médecins et infirmiers exerçant en unités de soins intensifs de néonatalogie (Newnham *et al.*, 2009). Chaque score des événements stressants vécus par chaque enfant est multiplié par le score de sévérité correspondant, puis additionné. La NISS constitue un instrument structuré qui permet de noter chaque facteur de stress vécu par le bébé dans l'unité de soins intensifs de néonatalogie et de calculer en continu son score de stress cumulatif. Outre sa valeur clinique, la NISS a récemment été utilisée pour évaluer la relation entre le stress précoce et le développement du cerveau.

Une étude prospective a montré une association entre le stress et le développement du cerveau chez les prématurés humains (Smith *et al.*, 2011). Les données du NISS ont été collectées par les infirmières pour les enfants prématurés hospitalisés. Le stress cumulatif de chaque enfant a été calculé pour les 14 et 28 premiers jours de vie. L'analyse de l'imagerie par résonance magnétique (IRM), réalisée à terme équivalent, a fourni des évaluations quantitatives (indicateurs cérébraux) et qualitatives (diffusion) du développement du cerveau. Les résultats des analyses des

relations entre les scores à la NISS et les mesures de développement du cerveau, après prise en compte de la gravité
de la maladie, ont montré de multiples corrélations significatives. À la fois pour la taille du cerveau et la qualité
de la substance blanche dans diverses localisations, des
scores plus élevés de stress sont liés à un développement
moins optimal du cerveau.

L'AMÉLIORATION DES EFFETS DU STRESS PRÉCOCE
CHEZ LE BÉBÉ PAR LES SOINS PARENTAUX

Les modèles neurobiologiques des effets du stress précoce sur le développement du cerveau ont été largement
étudiés, notamment chez le rat. Ils suggèrent que les soins
précoces donnés par les parents influencent le développement du cerveau, régulent l'expression des gènes et façon-
nent les systèmes neuronaux. Par exemple, les petits rats
dont les mères les lèchent et les toilettent beaucoup ont
une meilleure chimie du cerveau, qui régule plus efficace-
ment le stress (Gunnar *et al.*[1], 2006) et ces expériences précoces de soins prodigués auraient des conséquences tout
au long de la vie pour la vulnérabilité et la résilience ultérieures au stress. On commence à entrevoir des preuves
qu'il existerait, dans la petite enfance et l'enfance de l'être
humain, des périodes comparables de sensibilité à la qualité optimale des soins et interventions de la mère (Gunnar
et Cheatham, 2003), à la période où la neurobiologie du
système de réponse au stress HHS se laisse façonner par
l'expérience. La sensibilité, la réceptivité, le contact tactile
et physique des personnes prenant soin de l'enfant peuvent jouer le rôle que jouent chez le rat le léchage et le

---

1. Réseau « Expérience Précoce, Stress et Prévention ».

toilettage par la mère, pour atténuer les effets du stress (Gunnar *et al.*, 2006).

Les interventions fondées sur les preuves concernant les enfants victimes de négligence et d'abus comportent le développement d'attachements enfant-parents sécures et soutenants, un entraînement des parents à décoder de façon appropriée les signaux et les besoins de l'enfant et à y répondre (Cicchetti, 2005), mais tous les enfants ne réagissent pas aux interventions psychosociales (Van de Wiel *et al.*, 2004).

ÉTUDES RANDOMISÉES CONTRÔLÉES S'APPUYANT
SUR LA MÈRE COMME THÉRAPEUTE
POUR SON BÉBÉ PRÉMATURÉ HOSPITALISÉ

Le Mother-Infant Transaction Program[1] (MITP) (Achenbach *et al.*, 1993) est une étude randomisée et contrôlée d'une intervention proposée à la mère dans la dernière semaine de l'hospitalisation de son enfant prématuré et au cours des trois premiers mois à la maison. Le MITP vise lui aussi à réduire le stress du nourrisson, mais contrairement au NIDCAP, la mère est formée à observer les indices de stress chez le bébé et à ajuster sa façon d'en prendre soin à la capacité de l'enfant à faire face. Les évaluations au cours du suivi ont montré à l'âge de 2 ans des résultats cognitifs favorables (mais non significatifs) pour les enfants de mères ayant participé à l'intervention ; ils devenaient significatifs à différents âges jusqu'à 9 ans, où ils montraient une différence de QI de 10,6 points (Achenbach *et al.*, 1993).

En utilisant une version modifiée du MITP, Newnham *et al.* (2009) ont constaté à 6 et 12 mois l'amélioration des

---

1. Programme de transaction mère-enfant.

comportements mère-enfant, et à 2 ans de meilleures compétences de communication chez les enfants ayant reçu l'intervention. Une étude de suivi (« Premiestart » – Milgrom *et al.*, 2010) proposait l'intervention, dans une étude randomisée et contrôlée, aux parents d'enfants prématurés nés avant 30 semaines de gestation. L'intervention Premiestart n'encourage pas seulement à diminuer la stimulation de l'enfant lorsqu'un stress est observé, mais encourage à accroître le contact tactile (notamment les massages et les soins Kangourou) lorsque l'enfant n'a pas montré de réactions de stress. À terme équivalent, tous les nourrissons ont passé une IRM. Les analyses de ces images ont montré que les bébés dont les mères avaient reçu l'intervention Premiestart montraient une meilleure maturation et connectivité de la substance blanche du cerveau, caractérisée par des changements dans les mesures de diffusion. Ainsi, l'entraînement des mères à diminuer le stress chez leurs nourrissons prématurés encore hospitalisés et à augmenter le contact non stressant, a été associé à une amélioration des microstructures de la substance blanche cérébrale.

Conclusions

Les bébés prématurés ont besoin, pour leur survie, d'interventions médicales dans des unités de soins intensifs de néonatalogie. Ces situations sont, par nature, stressantes pour l'enfant et peuvent contribuer à leurs problèmes de développement ultérieurs. Les données préliminaires du NIDCAP (Als *et al.*, 2007), de Premiestart (Milgrom *et al.*, 2010) et de la NISS (Smith *et al.*, 2011) fournissent des preuves préliminaires que le stress, en plus des complications médicales, peut contribuer à un développement anormal du cerveau et, par conséquent, à des problèmes de développement fonctionnel ultérieurs.

Ces études suggèrent également des façons d'améliorer l'environnement des nourrissons prématurés hospitalisés. Former les mères et s'appuyer sur elles pour intervenir comme « thérapeutes » auprès de leurs nouveau-nés prématurés, encore hospitalisés, peut être un moyen rentable et acceptable pour diminuer le stress des bébés et améliorer leurs résultats. La NISS fournit au personnel médical un outil pour garder une trace du stress cumulatif dans des unités de temps (heures, jours ou semaines) et il est possible de retarder ou même d'éviter des procédures stressantes, afin d'atténuer des charges allostatiques excessives. Le NIDCAP fournit encore des preuves en faveur de soins infirmiers plus doux, moins stressants.

Sur un plan théorique, ces études avec des prématurés apportent des preuves préliminaires que le stress précoce affecte le développement du cerveau chez les bébés humains. L'idée du façonnage du cerveau humain, que nous appelons la plasticité, influencée par l'environnement, est en bonne voie pour être fondée sur des preuves. L'environnement des prématurés peut affecter négativement le développement précoce du cerveau et en s'appuyant sur les mères, pour faire ce qu'elles font le mieux, on peut améliorer ces effets.

RÉFÉRENCES

Achenbach T. M., Howell C. T. et Aoki M. F. (1993), « Nine-year outcome of the Vermont Intervention Program for low birthweight infants », *Pediatrics*, 91, p. 45-55.

Als H., Duffy F. H., McAnulty G. B., Rivkin M. J., Vajapeyam S., Mulkern R. V., Warfield S. K., Huppi P. S., Butler S. C., Conneman N., Fischer C. et Eichenwald E. C. (2007), « Early experience alters brain function and structure », *Pediatrics*, 113 (4), p. 846-857.

Ames E. W. (1997), *The Development of Romanian Orphanage Children Adopted to Canada (Final report to the National Welfare Grants program)*, Human Resources Development Canada, Burnaby, Canada, Simon Fraser University.

Anand K. J. (2001), « International Evidence-based Group for Neonatal Pain : Consensus statement for the prevention and management of pain in the newborn », *Archives of Pediatric and Adolescent Medicine*, 155, p. 173-180.

Beckett C., Maughan B., Rutter M., Castle J., Colvert E., Groothues C. *et al.* (2007), « Scholastic attainment following severe early institutional deprivation : A study of children adopted from Romania », *Journal of Abnormal Child Psychology*, 35, p. 1063-1073.

Bhutta A. T. et Anand K. J. (2002), « Vulnerability of the developing brain : Neuronal mechanisms », *Clinical Perinatology*, 29 (3), p. 357-352.

Biederman J., Milberger S., Faraone S. V., Kiely K., Guite J., Mick E., Ablon S., Warburton R. et Reed E. (1995), « Family-environment risk factors for attention-deficit hyperactivity disorder. A test of Rutter's indicators of adversity », *Archives of General Psychiatry*, 52 (6), p. 464-467.

Bohus B., DeKloet E. R. et Veldhuis H. D. (1982), « Adrenal steroids and behavioural adaptation : Relationship to brain corticoid receptors », *in* D. Granten et D. W. Pfaff (éd.), *Current Topics in Neuroendocrinology*, Berlin, Springer Verlag, p. 107-148.

Charil A., Laplante C. A., Vaillancourt C. et King S. (2010), « Prenatal stress and brain development », *Brain Research Review*, 65 (1), p. 56-79.

Chugani H. T., Behen M. E., Muzik O., Juhasz C., Nagy F. et Chugani D. C. (2001), « Local brain functional activity following early deprivation : A study of postinstitutionalized Romanian orphans », *NeuroImage*, 14 (6), p. 1290-1301.

Cicchetti D. (2005), « Translating interdisciplinary research with high-risk families into preventive interventions », présenté à l'American Psychological Association, Washington D.C.

Croft C., Beckett C., Rutter M., Castle J., Colvert E., Groothues C. *et al.* (2007), « Early adolescent outcomes of institutionally-deprived and non-deprived adoptees. II : Language as a protective factor and a vulnerable outcome », *Journal of Child Psychology and Psychiatry and Allied Disciplines*, 48, p. 31-44.

De Bellis M. D. (2005), « The psychobiology of neglect », *Child Maltreatment*, 10, p. 150-172.

Doidge N. (2007), *The Brain that Changes Itself*, Penguin Books.

Grunau R. (2002), « Early pain in preterm infants : A model of long-term effects », *Clinical Perinatology*, 29, p. 373-394.

Gunnar M. R. et Barr R. G. (1998), « Stress, early brain development, and behaviour », *Infants and Young Children*, 11, p. 1-14.

Gunnar M. R. et Cheatham C. L. (2003), « Brain and behavior interface : Stress and the developing brain », *Infant Mental Health Journal*, 24 (3), p. 195-211.

Gunnar M. R., Fisher P. A. et The Early Experience, Stress, and Prevention Network (2006), « Bringing basic research on early experience and stress neurobiology to bear on preventive interventions for neglected and maltreated children », *Development and Psychopathology*, 18, p. 651-677.

Gunnar M. et Quevedo K. (2007), « The neurobiology of stress and development », *The Annual Review of Psychology*, 58, p. 145-173.

Gunnar M. R. et Quevedo K. M. (2008), « Early care experiences and HPA axis regulation in children : A mechanism for later trauma vulnerability », *Progress in Brain Research*, 167, p. 137-149.

Harrison D., Loughnan P. et Johnston L. (2005), « Pain assessment and procedural pain management practices in neonatal units in Australia », *Journal of Paediatrics and Child Health*, 42, p. 6-9.

Hodges J. et Tizard B. (1989), « IQ and behavioural adjustment of ex-institutional adolescents », *Journal of Child Psychology and Psychiatry*, 30 (1), p. 53-75.

Huttunen M. O. et Niskanen P. (1978), « Prenatal loss of father and psychiatric disorders », *Archives of General Psychiatry*, 35, p. 429-431.

Inder T. E., Anderson N. J., Spencer C., Wells S. et Volpe J. J. (2003), « White matter injursy in the premature infant : A comparison between serial cranial sonographic and MR findings at term », *American Journal of Neuroradiology*, 24, p. 805-809.

Kofman O. (2002), « The role of prenatal stress in the etiology of developmental behavioural disorders », *Neuroscience and Biobehavioural Reviews*, 26, p. 457-470.

Manly J. T., Kim J. E., Rogosch F. A. et Cicchetti D. (2001), « Dimensions of child maltreatment and children's adjustment :

Contributions of developmental timing and subtype », *Development and Psychopathology*, 13 (4), p. 759-782.

McEwan B. (2000), « The neurobiology of stress : From serendipity to clinical relevance », *Brain Research*, 886, p. 172-189.

McEwen B. S. et Sapolsky R. M. (1995), « Stress and cognitive function », *Current Opinion in Neurobiology*, 5, p. 205-216.

Meijer A. (1985), « Child psychiatric sequelae of maternal war stress », *Acta Psychiatrica Scandinavia*, 72, p. 505-511.

Milgrom J., Newnham C., Anderson P. J., Doyle L. W., Gemmill A. W., Lee K., Hunt R. W., Bear M. et Inder T. (2010), « Early sensitivity training for parents of preterm infants : Impact on the developing brain », *Pediatric Research*, 67 (3), p. 330-335.

Mizoguchi K., Yuzurihara M., Ishige A., Sasaki H., De-Hua C. et Tabira T. (2000), « Chronic stress induces impairment of working memory because of prefrontal doperminergic dysfunction », *Journal of Neuroscience*, 20, p. 1568-1574.

Newnham C. A., Inder T. E. et Milgrom J. (2009), « Effectiveness of a modified Mother-Infant Transaction Program on outcomes for preterm infants from 3 to 24 months of age », *Infant Behaviour and Development*, 32, p. 17-26.

Pears K. et Fisher P. A. (2005), « Developmental, cognitive, and neuropsychological functioning in preschool-aged foster children : Associations with prior maltreatment and placement history », *Journal of Developmental and Behavioral Pediatrics*, 26, p. 112-122.

Perry B. D. (2002), « Brain structure and function. 1 : Basics of organization », *Interdisciplinary Education Series* (adapté en partie de *Maltreated Children : Experience, brain development and the next generation*, New York, Norton and Co, 2000).

Perry B. D. et Pollard D. (1997), « Altered brain development following global neglect in early childhood », *Society For Neuroscience : Proceedings from Annual Meeting*, Nouvelle-Orléans.

Plotsky P. M., Bradley C. C. et Anand K. J. S. (2000), *Behavioral and Neuroendocrine Consequences of Neonatal Stress*, Elsevier Science.

Pollack S. D., Nelson C. A., Schlaak M. F., Roeber B. J., Wewerka S. S., Wiik K. L., Frenn K. A., Loman M. M. et Gunnar M. R. (2010), « Neurodevelopmental effects of early deprivation in postinstitutionalized children », *Child Development*, 81 (1), p. 224-236.

Rauh V. A., Nurcombe B., Achenbach T. et Howell C. (1990), « The mother-infant transaction program », *Clinical Perinatology*, 17, p. 31-45.

Rickards A. L., Kitchen W. H., Doyle L. W., Ford G. W., Kelly E. A. et Callanan C. (1993), « Cognition, school performance and behaviour in very low birth weight and normal birth weight children at 8 years of age : A longitudinal study », *Journal of Developmental and Behavioral Pediatrics*, 14, p. 363-368.

Roberts G., Howard K., Spittle A. J., Brown N. C., Anderson A. J. et Doyle L. W. (2008), « Rates of early intervention services in very preterm children with developmental disabilities at age 2 years », *Journal of Paediatrics and Child Health*, 44 (5), p. 276-280.

Rutter M. (1981), « Psychological sequelae of brain damage in children », *The American Journal of Psychiatry*, 138, p. 1533-1544.

Rutter M. (1998), « Developmental catch-up, and deficit, following adoption after severe global early privation : English and Romanian Adoptees (ERA) Study team », *Journal of Child Psychology and Psychiatry and Allied Disciplines*, 39, p. 465-476.

Schore A. (2001), « The effects of early relational trauma on right brain development, affect regulation, and infant mental health », *Infant Mental Health Journal*, 22 (1-2), p. 201-269.

Smith G. C., Gutovich J., Smyser C., Pineda R., Newnham C., Tjoeng T. H., Vavasseur C., Wallendorf M., Neil J. et Inder T. (2011), « Neonatal intensive care unit stress is associated with brain development in preterm infants », *Annals of Neurology*, 70 (4), p. 541-549.

Stott D. H. (1973), « Follow-up study from birth of the effects of prenatal stress », *Developmental Medicine and Child Neurology*, 15, p. 770-787.

Susser E. S. et Lin S. P. (1996), « Schizophrenia after prenatal exposure to the Dutch Hunger Winter of 1944-1945 », *Archives of General Psychiatry*, 49, p. 983-988.

Van de Wiel N. M., Van Goozen S. H., Matthys W., Snoek H. et Van Engeland H. (2004), « Cortisol and treatment effect in children with disruptive behaviour disorders : A preliminary study », *Journal of the American Academy of Child and Adolescent Psychiatry*, 43, p. 1011-1018.

Verhulst F., Althaus M. et Versluis-Den Bieman H. J. (1990), « Problem behavior in international adoptees. II : Age at placement », *Journal of the American Academy of Child and Adolescent Psychology*, 29 (1), p. 104-111.

Verhulst F., Althaus M. et Versluis-Den Bieman H. J. (1992), « Damaging backgrounds : Later adjustment problems of international adoptees », *Journal of the American Academy of Child and Adolescent Psychology*, 31 (3), p. 518-524.

Wadhwa P. D., Sandman C. A. et Garite T. J. (2001), « The neuro-biology of stress in human pregnancy : Implications for pre-maturity and the development of the fetal central nervous system », *Progress in Brain Research*, 133, p. 131-142.

Wiesel T. N. et Hubel D. H. (1963), « Effects of visual deprivation on morphology and physiology of cells in the cat's lateral geniculate body », *Journal of Neurophysiology*, 26, p. 978-993.

Chapitre 9

Enfants à haut potentiel en difficulté : faire de la différence une source d'épanouissement et non d'isolement

Sylvie Tordjman, Solenn Kermarrec,
Jacques-Henri Guignard

Introduction

Le thème de l'intelligence constitue un sujet d'actualité suscitant un intérêt croissant, y compris pour le ministère de l'Éducation nationale, qui a notamment annoncé son projet de mettre en place une prise en charge pédagogique adaptée à ces enfants. La multiplicité des terminologies (don, précocité intellectuelle, potentiel, etc.), qui varient selon les concepts théoriques associés, constitue une difficulté à laquelle nous sommes d'emblée confrontés.

Ainsi, le terme « surdoué » renvoie, d'une part à un « trop », un excès, une compétence surdimensionnée, et d'autre part au don que l'on reçoit et à la dette qu'il peut engendrer, dette en particulier vis-à-vis de la famille (parents, fratrie). Nous avions choisi initialement d'utiliser préférentiellement l'adjectif « surdoué », en nous intéressant aux conséquences psychopathologiques de ce trop, chez les enfants accueillis dans notre centre et qui présentaient tous des difficultés psychologiques, affectives et/ou scolaires. Mais, avec le temps et plus de 500 enfants et adolescents reçus dans notre Centre d'évaluation/soin/formation, le CNAHP (Centre national d'aide aux enfants et adolescents à haut potentiel), nous avons pris conscience que l'utilisation du terme « surdoué » n'était pas sans poser problème du fait d'un glissement dans l'utilisation de la terminologie, l'adjectif « *surdoué* » devenant rapidement le principal qualificatif de l'enfant, voire un substantif et le principal nom de l'enfant : « Le *surdoué* ». Le risque principal, tant pour l'enfant que pour son environnement familial, scolaire ou social, est que l'enfant n'existe et ne soit défini qu'au travers de sa « surdouance ».

Nous sommes plusieurs à avoir en mémoire ces enfants à haut potentiel qui, d'emblée, au premier contact, mettent en avant leurs capacités intellectuelles, et tentent d'entrer avec l'autre dans une joute intellectuelle, souvent verbale, faite de jeux de mots, on pourrait dire de « mots d'esprit », testant l'autre et le renvoyant à ses failles. Ces comportements peuvent irriter les enseignants et les autres enfants ; et pourtant, ils témoignent aussi du manque de confiance en soi, du désarroi et des difficultés à entrer en relation chez les enfants à haut potentiel que nous rencontrons au CNAHP. La construction de l'identité de l'enfant à partir de sa « surdouance » aide probablement à consolider, et même parfois à réparer ses assises narcissiques, mais ne peut se limiter à cette seule « surdouance ». Nous avons pu nous rendre compte, lors de nos suivis d'enfants à haut potentiel en difficulté, des dégâts pour l'enfant et sa famille, de cette identité de « surdoué », avec notamment de véritables effondrements dépressifs observés chez l'enfant, et aussi parfois chez ses parents, lorsque, avec le temps, le haut potentiel fluctuant, l'enfant ne répond plus aux critères de « surdouance ». C'est l'ensemble de ces raisons qui nous ont amenés à définitivement abandonner le terme « surdoué ».

Le terme « précocité intellectuelle » renvoie quant à lui à un décalage entre le rythme du développement mental de l'enfant et le rythme proposé dans le cursus scolaire classique correspondant à l'âge chronologique. Ce terme est largement employé dans le milieu scolaire et répond à une logique de « saut de classe », solution qui peut soulager l'enfant mais qui n'est pas toujours pleinement satisfaisante. En effet, si le terme « précocité intellectuelle » rend bien compte de l'avance du développement cognitif de l'enfant, il ne prend pas en considération ce qui se joue également sur le plan de son développement affectif. De plus, comment parler d'un adolescent, d'un jeune adulte ou d'un adulte de 50 ans qui présente un haut potentiel intellectuel ? Le terme de « précocité intellectuelle » ne paraît plus alors adapté...

Quant au terme « talent », il renvoie à l'hyperinvestissement par l'enfant d'un domaine particulier et spécifique (comme, par exemple, le talent musical) et son usage ne peut donc être élargi à l'ensemble des enfants à haut potentiel. Il présente cependant l'intérêt de poser la question suivante, question que l'on peut se poser en fait pour tous les enfants à haut potentiel en difficulté : un développement cognitif atypique et précoce peut-il entraîner des troubles du développement affectif ? Ou est-ce l'inverse ?... Des troubles du développement socioaffectif entraîneraient-ils un surinvestissement cognitif de la part de l'enfant ? On pourrait considérer que les troubles des interactions précoces induiraient chez l'enfant un isolement social qui lui-même provoquerait un développement modulaire avec hyperinvestissement intellectuel d'un domaine spécifique aboutissant au talent. Inversement, on pourrait penser qu'un enfant précoce, en raison de sa différence – y compris celle qui est liée à l'accès à un statut, une identité de surdoué éventuellement entretenue par l'entourage –, risque d'être rejeté de son environnement social et isolé avec un vécu persécutif repérable chez beaucoup d'enfants à haut potentiel en difficulté (vécu de situations d'exclusion et de victimisation). Il est difficile de conclure quant à la part de cognitif et d'affectif dans le développement du haut potentiel intellectuel, ce d'autant qu'au fil du temps ces deux aspects peuvent s'autorenforcer en un véritable cercle vicieux.

Enfin, le terme de « haut potentiel intellectuel » est intéressant et pertinent car il rend compte des capacités cognitives de ces enfants, mais aussi du fait que le potentiel (comme son nom l'indique) peut s'exprimer ou au contraire être inhibé par leurs difficultés psychoaffectives et comportementales. Le concept de « haut potentiel » met en exergue la différence entre une aptitude ou une capacité, pouvant s'exprimer ou non en fonction de l'environnement, et une performance, qui est la concrétisation d'une aptitude dans la réalisation d'une activité (Lubart et Jouffray, 2006). Le terme de « haut potentiel intellectuel » permet de conforter une posture clinique renvoyant à l'enfant et sa famille qu'il est défini autrement que sur la seule « surdouance ». C'est dans cette perspective que nous avons rebaptisé notre centre sous le nom de Centre national d'aide aux enfants et adolescents à haut potentiel (CNAHP). Le CNAHP est un centre référent accueillant des enfants et adolescents de l'ensemble du territoire français et répond à trois missions, à savoir une mission d'évaluation, une mission de prise en charge thérapeutique, ainsi qu'une mission de formation et de recherche.

Nous nous sommes intéressés à la problématique des enfants à haut potentiel en difficulté en raison du nombre d'enfants adressés en consultation pour des troubles du comportement à type d'hyperactivité avec déficit attentionnel, des problèmes scolaires ou dépressifs, et chez lesquels nous avons découvert un haut potentiel intellectuel. Rappelons, cependant, que tous les enfants en échec scolaire ou présentant des troubles du comportement ne sont pas à haut potentiel, et que les enfants à haut potentiel ne sont pas tous en difficulté. Il ne faudrait pas néanmoins minimiser le problème posé par les enfants à haut potentiel en difficulté, ou le mettre à distance, soit en méconnaissant sa fréquence, soit en considérant que ces enfants « trop intelligents » n'ont pas besoin d'être aidés. En effet, les enfants à haut potentiel représentent en France 2,3 % des enfants scolarisés de 6 à 16 ans, soit 200 000 enfants (c'est-à-dire 1 enfant sur 40 ou encore 1 enfant par classe environ, en reprenant le critère de l'Organisation mondiale de la santé [OMS] d'un quotient intellectuel d'au moins 130), et il est estimé en France qu'un tiers de ces enfants présente des difficultés psychologiques et/ou scolaires (Delaubier, 2002). Nous nous heurtons régulièrement au cliché toujours en vigueur associant la « surdouance » à la réussite scolaire. Il est difficile, tant pour les équipes pédagogiques que les équipes soignantes, de penser qu'un enfant en échec scolaire puisse être à haut potentiel intellectuel. L'étude longitudinale de Terman, professeur en psychologie à l'Université de Stanford, qui a porté sur un suivi d'environ 1 500 élèves californiens (les « termites ») sur plus de 70 ans (de 1921 à 1994), en est une bonne illustration. Ainsi, Terman s'est aperçu qu'à partir d'un recrutement systématique basé sur le critère d'inclusion d'un quotient intellectuel atteignant les 140, il obtenait 25 % d'élèves en plus des élèves proposés par les enseignants. Cet effectif supplémentaire correspondait en fait aux enfants en difficulté scolaire, voire en échec scolaire (Terman, 1925). À noter, la fréquence donnée dans le rapport Delaubier d'un tiers d'enfants à haut potentiel en difficulté psychologique ou scolaire ne provient pas d'une étude épidémiologique française mais de la recherche de Terman. Ainsi, 30 % des enfants termites n'ont pas obtenu leur diplôme de fin de cycle d'enseignement secondaire... Le paradoxe des problèmes scolaires chez les enfants à haut potentiel intellectuel est également fréquemment observé dans la population accueillie au CNAHP (difficultés scolaires : 73 %, échec scolaire avec redoublement : 4 %). Se pose alors la question du repérage par une sensibilisation de l'environnement aux signes d'appel permettant un dépistage et l'identification de ces enfants à haut potentiel en difficulté.

Les signes d'appel

Il n'existe pas de signe clinique pathognomonique du haut potentiel intellectuel (Robert *et al.*, 2010). Par contre, l'association de plusieurs signes mineurs et leur chronologie d'apparition permettent d'objectiver un développement cognitif précoce et d'évoquer un haut potentiel intellectuel chez l'enfant.

Le développement du langage est un bon indicateur de la précocité intellectuelle de l'enfant : il peut apparaître tôt ou être d'emblée élaboré et riche avec souvent une recherche quasi impérieuse du mot juste et précis. Par ailleurs, nombre d'observations rapportent une acquisition spontanée (de manière autodidacte) et précoce de la lecture avant l'âge de 5 ans, avec une grande appétence pour les livres et l'expression chez l'enfant d'un véritable plaisir à lire. Chauvin (1975) estime ainsi que l'apprentissage spontané, sans forçage familial de la lecture, dès l'âge de 4-5 ans, est un bon élément de repérage des enfants à haut potentiel (EHP). Nous avons pu retrouver chez les parents des EHP accueillis au CNAHP, quelle que soit leur catégorie socioprofessionnelle, un investissement important de la lecture avec la présence de livres dans l'environnement familial (à la maison). La plupart de ces parents lisaient des histoires à leur enfant au moment du coucher, et ce dès le plus jeune âge (pour certains avant même l'apparition du langage verbal). On peut faire ici l'hypothèse que l'apprentissage de la lecture s'inscrirait dans le plaisir partagé des interactions précoces qui sous-tendrait l'hyperinvestissement du langage verbal avec une dimension ludique dans le maniement des mots. Les études de Kuhl *et al.* (2003) sur l'acquisition d'une langue étrangère chez le très jeune enfant (discrimination de phonèmes chinois dans un groupe de bébés américains âgés de 10 à 12 mois) mettent en évidence l'importance majeure des interactions sociales et sont en faveur de notre précédente hypothèse.

Beaucoup de parents d'EHP reçus au CNAHP ont pu nous faire part du fait qu'ils ont remarqué, dès les premières années de vie de leur enfant, sa réactivité rapide et sa grande vivacité. Par la complexité de leurs jeux, leur curiosité intellectuelle et leurs questionnements existentiels, certains EHP paraissent décalés par rapport aux préoccupations de leurs pairs. Ils recherchent d'ailleurs souvent le contact avec des enfants plus âgés et les adultes ou peuvent aussi adopter une attitude maternante, voire « pédagogique » auprès de leurs puînés. Ils font souvent preuve d'une imagination particulièrement foisonnante et débordante et d'un humour singulier, mêlant jeux de mots et associations d'idées (pensée dite en « arborescence »). Les attitudes de rêveries sont parfois en réalité des moments de créativité intense.

Certaines spécificités cognitives, fréquemment décrites par les enseignants, sont également des signes d'appel. L'EHP peut traiter les problèmes de manière globale et simultanée et non par une démarche séquentielle. Ainsi, l'enfant peut donner des réponses très rapides mais être incapable d'en expliquer la démarche, la solution s'imposant à lui. Le raisonnement est fait sans effort et les demandes académiques d'apprentissage par répétition peuvent entraîner un blocage. Les tâches impliquant rigueur et persévérance sont susceptibles d'échouer par défaut de méthode et ennui, avec un retentissement sur l'écriture et l'investissement scolaire observé en particulier en fin de cursus (école primaire, collège, lycée). C'est dire l'importance d'aider l'EHP à se confronter très tôt à l'effort (« apprendre à apprendre »), en maintenant son plaisir intellectuel par le challenge.

Difficultés et troubles psychopathologiques

Comme cela a été souligné dès l'introduction, les enfants à haut potentiel ne sont pas systématiquement des enfants en difficulté sur un plan psychologique ou scolaire, et inversement, les enfants en difficulté accueillis dans nos centres médico-psychologiques ne sont pas tous à haut potentiel. Il serait nécessaire et intéressant de réaliser des études épidémiologiques en France afin d'apporter des données précises ne relevant pas d'une extrapolation des résultats de Terman dans la population américaine, et ainsi d'avancer dans ce débat. Notre expérience clinique vient alimenter ce débat en suggérant que certaines difficultés et particularités observées chez les EHP sont parfois en lien avec leur haut potentiel.

Les dyssynchronies entre le développement cognitif et d'autres domaines du développement de l'enfant, ont été décrites par Jean-Charles Terrassier ; ce décalage entre l'acquisition des performances intellectuelles et celle des autres domaines serait responsable du profil hétérogène des EHP et des possibles troubles psychopathologiques associés (Terrassier, 2005).

LES DIFFICULTÉS ÉMOTIONNELLES

L'anxiété

Dès 3 ans, les questionnements existentiels (autour de la vie et de la mort) peuvent envahir ces enfants. Leur hypersensibilité exagère leur ressenti vis-à-vis des situations relationnelles, mais aussi sociales qui sont anxiogènes. Confrontés à une pression de réussite, certains enfants montrent une sensibilité exacerbée vis-à-vis de l'échec. Cela peut évoluer vers une anxiété de performance à haut risque d'autodévalorisation et d'effondrement scolaire. L'EHP est susceptible de se replier dans une hyperintellectualisation pour satisfaire un idéal d'intelligence, mettant à distance toute forme d'émotion. Un fonctionnement obsessionnel peut être observé, associant rigidité psychique et méticulosité. Enfin, une anxiété de performance avec un échec scolaire et/ou une exclusion du groupe des pairs entraîne parfois une phobie scolaire à haut risque de déscolarisation. L'anxiété est fréquemment associée à des troubles du sommeil.

La dépression et l'humeur dépressive

Les signes cliniques de la dépression de l'EHP ne comportent pas de singularités par rapport aux enfants déprimés du même âge. On souligne cependant la place qu'occupe la faible estime de soi dans le tableau de dépression de l'EHP. Il convient de considérer les différentes dimensions (sociale, familiale, scolaire mais aussi physique) où l'estime de soi peut être dégradée. L'estime de soi générale et l'estime de soi scolaire sont significativement altérées chez l'EHP. Dans ce contexte, il est intéressant de remarquer que la dépression est plus fréquente chez les EHP. Les causes de la dépression chez l'EHP sont multiples. D'une part, les difficultés relationnelles (familiales, sociales) peuvent être favorables à l'émergence d'un état dépressif. D'autre part, de nombreux enfants font part de leur sentiment d'avoir perdu leurs facilités d'apprentissage à l'entrée dans l'adolescence. Ces enfants, habitués à la réussite, se retrouvent confrontés à une évolution de la demande scolaire au collège et au lycée, davantage axée sur l'approfondissement des cours et le travail personnel. Certains EHP ont des difficultés pour faire face à ce changement et vont constituer une population à risque. Nous pensons que le deuil des facilités d'apprentissage et des idéaux est susceptible d'évoluer vers l'autodépréciation et la culpabilité.

LES TROUBLES DU COMPORTEMENT

Le trouble déficit attentionnel/hyperactivité (TDA/H)

Le lien entre haut potentiel et TDA/H est au centre de nombreux débats (Robert *et al.*, 2010). Les signes évocateurs d'hyperactivité sont la logorrhée, l'instabilité motrice ou des difficultés à respecter les règles. Répondre avant la fin d'une question est souvent associé à l'impulsivité. Le déficit attentionnel est évoqué devant une incapacité à focaliser son attention et par conséquent à achever une tâche, ce qui peut entraîner l'échec scolaire.

Chez l'EHP, les troubles varient en fonction de l'environnement (école, domicile), alors que la présence de troubles indépendants de l'environnement correspond à la symptomatologie clinique classique du TDA/H. L'hyperactivité des EHP souffrant de TDA/H est orientée et focalisée contrairement à celle des autres enfants. De même, l'impulsivité des EHP est dite « fonctionnelle » puisqu'ils répondent correctement aux questions. Les principales hypothèses quant à l'apparition de TDA/H chez l'EHP ont été développées plus amplement dans d'autres travaux (Tordjman, 2006, 2007).

L'opposition, les troubles des conduites et le rôle de l'adolescence

L'opposition est plus souvent observée chez les garçons et peut apparaître très tôt avec une fréquente intolérance à la frustration chez ces enfants qui ont particulièrement besoin d'être dans la maîtrise. Chez le jeune enfant, le lien avec le haut potentiel rassure les parents libérés de la crainte d'un manquement éducatif. Plus tard, les EHP de 8 à 10 ans sont susceptibles d'aborder l'adolescence plus tôt, du fait de leur maturité intellectuelle. Les comportements d'opposition inhérents aux processus d'individuation surviennent alors plus tôt et sont à risque d'être vécus comme une agression par la famille.

L'agressivité peut émerger de différentes situations (railleries, insulte ou exclusion). Elle est également à relier à l'anxiété en cas de frustration dont le passage à l'acte agressif serait la seule issue. Les modifications corporelles liées à l'adolescence bouleversent un équilibre psychologique souvent précaire. On rappelle que ce corps peut être source de souffrance, notamment du fait de la dyssynchronie intelligence-psychomotricité. Enfin, la période du lycée est à risque d'échec scolaire et de dépression qui s'expriment alors par une impulsivité et des passages à l'acte itératifs.

Le paradoxe de l'échec scolaire

La réussite scolaire des EHP paraît évidente. Cependant, la réussite scolaire implique aussi l'attention, la persévérance et une intégration au milieu scolaire. L'échec scolaire des EHP n'est pas rare. Différents mécanismes sont incriminés. Certains EHP vont minimiser leur potentiel intellectuel afin de correspondre aux représentations de l'enseignant. Ce comportement risque d'entraîner un désinvestissement scolaire, voire un échec scolaire pour ne pas se marginaliser. Par ailleurs, l'absence de méthode de travail ou d'apprentissage de l'effort intellectuel chez l'EHP peut être la source d'un fléchissement scolaire à certains moments de sa scolarité, par absence de méthode et de persévérance chez cet enfant, habitué à réussir sans effort.

Dans d'autres situations, l'ennui amène l'EHP à basculer dans son imaginaire, bien plus stimulant que certaines activités scolaires. Les résultats scolaires sont alors hétérogènes et parfois mauvais dans les tâches simples car plus ennuyeuses. Enfin, l'échec scolaire peut également être en lien avec des difficultés psychologiques que rencontrent les EHP, notamment des troubles anxieux majeurs entraînant un refus scolaire et, dans les cas extrêmes, une phobie scolaire.

Évaluations et conduites thérapeutiques

LES ÉVALUATIONS CHEZ LES ENFANTS À HAUT POTENTIEL EN DIFFICULTÉ

Lorsque des signes évoquent l'existence d'un haut potentiel intellectuel chez un enfant en souffrance, il semble alors nécessaire d'évaluer son fonctionnement cognitif mais aussi ses difficultés psychoaffectives, comportementales et scolaires dans une approche intégrée et globale prenant en compte son développement cognitif, socioaffectif et physique (voir tableau 1).

TABLEAU 1 – **Quelles évaluations
chez un enfant à haut potentiel en difficulté ?**

Évaluations	Outil d'évaluation
Fonctionnement cognitif	Échelles de Wechsler mesurant le QI (WPPSI, WISC-IV ou WAIS en fonction de l'âge ; éd. ECPA) EPoC (Évaluation du Potentiel Créatif par Lubart, Besançon et Barbot, 2011 ; éd. Hogrefe) Programme Discover (théorie des intelligences multiples de Gardner)
Difficultés psychoaffectives et comportementales	Échelles d'anxiété et de dépression Échelle toulousaine d'estime de soi Tests de personnalité (tests projectifs, questionnaires adaptés du Big-Five) Évaluation de l'hyperactivité (*DSM-IV-TR* et échelles de Conners avec différentes sources d'observation : père, mère, enseignant et enfant) Évaluation des capacités attentionnelles (comportementales avec les critères *DSM* et cognitives avec le TEA-Ch)
Investissement scolaire	Entretien scolaire avec un professeur des écoles en binôme avec un psychologue Autoquestionnaires : plaisir d'aller à l'école, théorie implicite de l'intelligence, attitude scolaire (questionnaire de Betsy McCoach traduit en français par S. Tordjman, K. Charras et A. Georgsdottir)

Autres évaluations	Évaluation systématique de l'image du corps (dessin du bonhomme et figure de Rey) complétée d'un bilan de psychomotricité si nécessaire
	Bilan d'orthophonie (si nécessaire)

La question de l'évaluation du niveau d'efficience intellectuelle fait aujourd'hui l'objet d'un large débat, notamment quant à l'utilisation du quotient intellectuel (QI). Le sujet ne se réduit certes pas au seul QI, mais la prise en considération de ce QI lorsqu'il est élevé et que l'enfant est en échec scolaire, peut jouer un rôle révélateur, contribuer à restaurer le narcissisme de l'enfant, permettre de porter sur lui un regard différent, et relancer toute une dynamique tant au niveau de l'enfant qu'au niveau de son environnement parental et/ou scolaire. À noter, le choix d'un QI au-dessus de 130 pour définir le haut potentiel intellectuel repose sur l'analyse de la distribution du QI de Wechsler sur une courbe de Gauss avec la moyenne se situant à 100 et un écart-type de 15. Mais d'autres auteurs que Wechsler – Terrassier (2005) par exemple – tiennent compte de l'intervalle de confiance (IC de 90 % : étendue de scores autour du score observé dans laquelle on a 90 % de probabilité d'avoir le vrai score) du WISC-IV de ± 6 points (IC de 90 % : $[x - 6 ; x + 6]$) et parlent de haut potentiel intellectuel quand le QI est supérieur à 125, voire 120 pour Sisk (cité par Tordjman, 2012). Certains considèrent que le QI doit être au moins de 135 et même au-dessus de 140, comme c'est le cas en Chine où le nombre d'enfants ayant un QI de 130 à 140 est si élevé que la « barre » du seuil de QI a dû être montée au-dessus de 140 afin de garantir la faisabilité de la mise en place de programmes adaptés aux EHP. Au CNAHP, nous avons fait le choix de présenter les résultats du WISC-IV sous forme d'intervalles de confiance de façon, tant avec les familles qu'avec les équipes, à éviter le plus possible l'adhésion aux scores et à ouvrir une discussion sur le profil cognitif incluant les différentes dimensions évaluées par cette échelle. Le QI est en fait un indicateur relatif du potentiel intellectuel, dont la validité peut être questionnée quand les enfants présentent un profil cognitif hétérogène. Sternberg (1985) met en garde contre les dangers de réduire l'intelligence à un score unique composite qui masquerait des variabilités intra-individuelles. Ainsi, un individu peut obtenir un score exceptionnel sur une aptitude permettant de compenser un niveau d'efficience plus faible dans une autre. L'identification du haut potentiel à partir d'un seul indicateur quantitatif ne peut qu'être réductrice. Une même valeur de quotient intellectuel peut également masquer d'importantes différences interindividuelles. Le caractère relatif et arbitraire du quotient intellectuel apparaît aussi lorsqu'on prend en considération que le QI n'est pas une mesure indépendante de l'instrument et de la théorie sous-tendant son élaboration. Le recouvrement n'est pas total entre les résultats obtenus aux épreuves mesurant la même variable dans les différentes échelles (comme les échelles du WISC-IV et du K-ABC). La valeur du quotient intellectuel peut varier en fonction du test choisi. De même, la sensibilité des tests les plus souvent utilisés est faible dans les zones extrêmes (Caroff, 2004). Il est donc difficile de rendre compte de manière fiable de la variabilité pouvant exister au sein d'une population d'individus avec un quotient intellectuel particulièrement élevé. L'absence de la prise en compte spécifique de ces sujets extrêmes pour l'étalonnage des tests d'intelligence rend leur interprétation difficile.

La terminologie « haut potentiel » présente l'intérêt de laisser ouvert son domaine d'expression. Sternberg et Lubart (1993) considèrent ainsi que la créativité exceptionnelle observée chez certaines personnes pourrait être envisagée comme une autre forme d'expression d'un haut potentiel particulier, en lien avec les capacités créatives et différente du haut potentiel intellectuel. Certains théoriciens envisagent d'ailleurs la créativité comme une dimension de l'intelligence susceptible de compléter la mesure du QI dans l'identification des individus à haut potentiel (Treffinger, 1980 ; Naglieri et Kaufman, 2001). En pratique, on peut regretter que certains élèves ne soient pas en mesure d'exprimer pleinement ce potentiel créatif du fait que ces capacités ne sont pas ou peu sollicités par les contenus pédagogiques traditionnels qui ont davantage recours aux aptitudes cognitives habituellement évaluées par les tests classiques d'intelligence comme les échelles de Wechsler. Le critère du quotient intellectuel ne devrait donc pas être exclusif, d'autres secteurs des fonctions cognitives étant tout aussi pertinents, comme, par exemple, celui de la créativité déjà mentionnée. Ainsi, un test de créativité (*EPoC* par Lubart, Besançon et Barbot, éditions Hogrefe, 2011) est réalisé dans le cadre des évaluations du fonctionnement cognitif proposées par le CNAHP. L'intelligence sociale est également prise en considération et le programme Discover – seule évaluation du CNAHP réalisée en situation groupale – permet d'évaluer l'intelligence interpersonnelle qui fait partie des intelligences multiples de Gardner (1983). L'évaluation du fonctionnement cognitif au CNAHP, notamment du potentiel intellectuel, s'intéresse aux différentes dimensions de l'intelligence, dont la créativité, l'intelligence sociale ou l'adaptation au changement, et ne se limite donc pas à l'intelligence académique avec la mesure du QI. Certains auteurs ont aussi proposé de décliner et d'élargir le concept de haut potentiel à d'autres domaines de l'intelligence humaine. Ainsi, Mayer *et al.* (2001) soutiennent la notion de haut potentiel émotionnel en s'appuyant sur leur outil d'évaluation de l'intelligence émotionnelle. À travers leur étude, ils observent que les adolescents avec un haut niveau de compétence émotionnelle organisent mieux et de manière plus complète les informations émotionnelles liées aux relations avec les pairs que ceux présentant de faibles compétences. Ils décrivent aussi les situations émotionnelles de manière plus précise et plus riche (impliquant des sentiments en conflit). Enfin, l'intelligence émotionnelle et l'intelligence verbale semblent contribuer, ensemble (mais de façon distincte), à une meilleure planification des buts personnels. Cette étude de Mayer *et al.* est intéressante, car elle suggère une forme d'évaluation du haut potentiel qui ne se limite pas à l'intelligence telle qu'elle est traditionnellement évaluée.

Au total, nous suggérons donc, d'une part, une réflexion prenant la mesure de la complexité du concept de « haut potentiel » et s'orientant vers l'établissement de profils psychologiques multivariés susceptibles d'en caractériser plusieurs formes d'expression. Chaque domaine de haut potentiel (intellectuel, créatif, émotionnel, etc.) pourrait ainsi être décrit à travers un profil multivarié spécifique. D'autre part, nous pensons que les enfants à haut potentiel sont susceptibles de présenter certaines caractéristiques psychologiques qui pourraient donner aux praticiens des indices d'interprétation supplémentaires afin de penser plus précisément les orientations thérapeutiques et/ou pédagogiques dans le cadre d'un projet individualisé et adapté. Cette évaluation cognitive multivariée a le double intérêt de donner à l'enfant l'opportunité d'aider les adultes à comprendre son fonctionnement et, inversement, de donner à l'enfant des clés pour comprendre celui des adultes. Il semble important de rappeler ici que les échelles du fonctionnement cognitif, quelles qu'elles soient, ne mesurent pas directement le potentiel réel de l'enfant, mais seulement son expression, ses fruits, à savoir les compétences observées qui dépendent aussi des facteurs d'environnement et de la motivation de l'enfant. Ces échelles, qui incluent les échelles de mesure de QI, sont et doivent rester des outils, outils certes précieux, mais dont les scores sont à replacer, à partir d'un travail de clinicien, dans le contexte environnemental du sujet (environnement familial, social et scolaire) et de son histoire singulière. Il est ici essentiel de souligner l'importance des différences interindividuelles au sein même de ces populations, alors même que la littérature grand public sur le thème tend à réduire les enfants à haut potentiel à une liste de spécificités plaquées à chacun d'entre eux, au risque de les enfermer dans une représentation et une typologie standardisées dangereuses et non représentatives de leur diversité et singularité.

Enfin, le bilan cognitif, selon nous (c'est-à-dire, les professionnels du CNAHP), ne devrait pas relever d'un dépistage et d'une identification systématiques qui risqueraient de créer ou de renforcer la construction d'une identité de *surdoué*, dont les possibles effets délétères sur le développement de l'enfant ont d'ores et déjà été évoqués en introduction. Cette position n'est pas celle adoptée par tous les auteurs, car certains considèrent qu'un dépistage systématique du haut potentiel intellectuel peut contribuer à la mise en place d'une prévention efficace des problèmes qui y sont possiblement associés. Le plus important reste probablement la posture clinique avec laquelle on restitue les résultats d'identification d'un haut potentiel intellectuel à un enfant et sa famille, plutôt que ces résultats en eux-mêmes.

LES PRISES EN CHARGE THÉRAPEUTIQUES

Le bilan psychologique constitue fréquemment le premier contact du jeune et de sa famille auprès d'une équipe de pédopsychiatrie. La reconnaissance du haut potentiel associé à la problématique psychologique peut alors initier ou renforcer l'alliance thérapeutique avec les soignants, chez des parents qui étaient jusqu'alors réticents à consulter pour leur enfant dans un lieu de soins pédopsychiatriques (centre médico-psychologique [CMP], centre médico-psychologique et pédagogique [CMPP], ou pédopsychiatre libéral). Il est important de savoir poser, au bon moment, l'indication d'une prise en charge thérapeutique. Par contre, une identification sans adaptation thérapeutique et/ou pédagogique peut avoir des effets délétères. L'évaluation des EHP nécessite de considérer l'enfant dans sa globalité, en associant les aspects psychologiques et physiques (l'image du corps, à l'interface entre les aspects physiques et psychologiques, est systématiquement évaluée au CNAHP avec le dessin du bonhomme et la figure de Rey ; Nevoux et Tordjman, 2010), mais aussi les interactions de l'enfant avec son environnement, sans se restreindre à une évaluation strictement cognitive. Prendre en compte plusieurs dimensions dans les procédures d'évaluation du haut potentiel intellectuel, c'est mieux comprendre le profil psychologique de chaque enfant et disposer de plus d'informations pour le choix de son éventuelle prise en charge ultérieure.

Si ce bilan confirme le haut potentiel de l'enfant et ses difficultés psychopathologiques, les possibles prises en charge sont discutées avec l'enfant et ses parents, et peuvent être très différentes en fonction des symptômes présentés par l'enfant, de son environnement et de la pratique clinique du ou des thérapeutes ; un accompagnement des parents voire une guidance parentale sont également souvent indiqués en parallèle (Kermarrec et Tordjman, 2010). L'existence d'une pluralité thérapeutique est essentielle de façon, d'une part, à pouvoir proposer et disposer des soins le plus adaptés possible, et d'autre part, à offrir un choix à l'enfant et sa famille qui va leur permettre d'être actifs. Cette pluralité thérapeutique va de l'art-thérapie pratiquée au CNAHP dont les bénéfices ont été développés par Claire Nicolas (2010), à l'atelier « Magie » décrit par Claudine Bourgeois-Parenty (2010) dont la pratique semble particulièrement intéressante, car elle permet un travail sur l'illusion où l'enfant va piéger le spectateur, mais avec bienveillance, sans agressivité, sarcasme ou cynisme. Les compétences de l'enfant sont mises en scène, et l'audience lui renvoie une image narcissique positive en reconnaissant son talent. Cette activité permet également de travailler sur l'estime de soi et l'expérience d'une relation à l'autre différente. On sort de la joute intellectuelle, déjà mentionnée dans l'introduction, où l'enfant à haut potentiel en difficulté peut entrer en rivalité et dans un rapport de force avec l'autre qui peut se sentir diminué voire rabaissé.

Il semble également essentiel de resituer les symptômes dans le cadre de la dynamique familiale et de s'interroger en particulier sur le sens de la « surdouance » pour les différents membres de la famille (« surdouance » est un terme québécois que nous reprenons ici au regard de l'éprouvé familial). Certains parents, parce qu'ils ont pu eux-mêmes vivre l'expérience d'être un « surdoué en difficulté », attendent de leur enfant qu'il s'ampute de sa « surdouance » pour entrer dans la normalité ou au contraire qu'il l'investisse comme une mission à réussir là où ils ont échoué. Si ces aspects-là ne sont pas entendus, on passe à côté de toute une partie du projet thérapeutique qui nécessite un travail familial.

Il importe de replacer l'enfant dans son environnement familial, scolaire et social, afin de mieux comprendre ses difficultés, de l'aider au regard du contexte situationnel et de faciliter l'expression de son haut potentiel à partir d'une levée des inhibitions. Ainsi, la créativité pourrait être valorisée et stimulée, dans l'intérêt des enfants, quel que soit leur potentiel, et préférée au conformisme et à la non prise de risque. De même, l'environnement familial, scolaire et social pourrait souligner les compétences de l'enfant plutôt que ses manquements. L'estime de soi et la solidité des assises narcissiques favorisent le développement de l'effort, de la persévérance et des capacités de résilience chez l'enfant. Elles permettent de dépasser les défaillances et les difficultés relationnelles ou scolaires, et de ne pas construire son identité sur l'échec (« je suis nul »). Dans cette approche globale du sujet, il est important de travailler sur les liens, y compris ceux qui existent entre l'intellect et le corps, avec notamment un travail sur la cohésion émotionnelle et corporelle. L'enfant à haut potentiel peut en effet présenter une problématique des liens en rapport d'une part avec le clivage entre un hyperinvestissement intellectuel et une inhibition corporelle incluant des problèmes de régulation des émotions, et d'autre part avec des troubles relationnels illustrés, entre autres, par la non-utilisation de ses grandes compétences langagières dans une visée de communication sociale. C'est dire l'intérêt du travail thérapeutique en réseau où l'on tisse des liens entre des institutions, équipes et professionnels différents dans le respect des spécificités et des fonctions de chacun. Ce travail en réseau offre un modèle de la représentation des liens et de la différenciation qui entre en résonance avec les difficultés de certains enfants à haut potentiel.

Perspectives

Il apparaît important d'apporter aux enfants à haut potentiel en difficulté, à partir d'un dépistage précoce, une aide psychologique en articulation avec une aide pédagogique adaptée et un accompagnement familial, afin que leur haut potentiel soit utilisé avec une ouverture sur l'environnement extérieur (vers une créativité et une amélioration des interactions sociales) et ne devienne pas un handicap. Cela peut permettre de faire de leur différence une source de richesse et d'épanouissement, et non de rejet et d'isolement. Enfin, nous souhaiterions élargir notre propos à tous les enfants, quel que soit leur potentiel intellectuel. Ce que nous avons appris auprès des enfants à haut potentiel en difficulté peut être appliqué à chaque enfant : il est essentiel, à un niveau familial, scolaire et sociétal, de faciliter l'expression du potentiel d'un enfant, de le valoriser dans ses compétences et de l'aider à lever ses inhibitions. L'acceptation de la singularité et de la différence peut être mise au service de la tolérance et du développement de la créativité, dans l'intérêt du sujet et de la société.

RÉFÉRENCES

Bourgeois-Parenty C. (2010), « Humour et prestidigitation : ressources de l'enfant à haut potentiel et du thérapeute ! », *in* S. Tordjman (éd.), *Aider les enfants à haut potentiel en difficulté. Repérer et comprendre, évaluer et prendre en charge*, Rennes, PUR, p. 173-191.

Caroff X. (2004), « L'identification des enfants à haut potentiel : quelle perspective pour la psychométrie ? », *Psychologie française*, 49 (3), p. 233-251.

Chauvin R. (1975), *Les Surdoués*, Paris, Stock.

Delaubier J. P. (2002), *La Scolarisation des élèves « intellectuellement précoces »*, rapport du ministère de l'Éducation nationale.

Gardner H. (1983), *Frames of Mind : The Theory of Multiple Intelligences*, New York, Basic Books.

Kermarrec S., Tordjman S. (2010), « De l'évaluation aux prises en charge thérapeutiques adaptées : le Centre national d'aide aux enfants et adolescents à haut potentiel », *in* S. Tordjman (éd.), *Aider les enfants à haut potentiel en difficulté. Repérer et comprendre, évaluer et prendre en charge*, Rennes, PUR, p. 147-164.

Kuhl P. K., Tsao F. M. et Liu H. M. (2003), « Foreign-language experience in infancy : Effects of short-term exposure and social interaction on phonetic learning », *Proc. Natl. Acad. Sci.*, 100 (15), p. 9096-9101.

Lubart T. et Jouffray C. (2006), « Concepts, définitions et théories », *in* T. Lubart (éd.), *Enfants exceptionnels. Précocité intellectuelle, haut potentiel et talent*, Levallois-Perret, Bréal, p. 12-35.

Mayer J. D., Perkins D. M., Caruso D. R. et Salovey P. (2001), « Emotional intelligence and giftedness », *Roeper Review*, 23 (3), p. 131-137.

Naglieri J. A. et Kaufman J. C. (2001), « Understanding intelligence, giftedness and creativity using PASS theory », *Roeper Review*, 23 (3), p. 151-156.

Nevoux G. et Tordjman S. (2010), *Le Dessin des enfants à haut potentiel. De la créativité à la psychopathologie*, Rennes, PUR.

Nicolas C. (2010), « Les prises en charge groupales en art-thérapie », *in* S. Tordjman (éd.), *Aider les enfants à haut potentiel en difficulté. Repérer et comprendre, évaluer et prendre en charge*, Rennes, PUR, p. 193-209.

Robert G., Kermarrec S., Guignard J. H. et Tordjman S. (2010), « Signes d'appel et troubles associés aux enfants à haut potentiel », *Arch. pédiatr.*, 17, p. 1363-1367.

Sternberg R. J. (1985), *Beyond IQ : A Triarchic Theory of Human Intelligence*, New York, Cambridge University Press.

Sternberg R. J. et Lubart T. I. (1993), « Creative giftedness : A multivariate investment approach », *Gifted Child Quarterly*, 37 (1), p. 7-15.

Terman L. M. (1925), *Genetic Studies of Genius*, vol. 1 : *Mental and Physical Traits of a Thousand Gifted Children*, Stanford (CA), Stanford University Press.

Terrassier J. C. (2005), « Les dyssynchronies des enfants intellectuellement précoces », *in* S. Tordjman (éd.), *Les Enfants surdoués en difficulté. De l'identification à une prise en charge adaptée*, Rennes, PUR, p. 69-87.

Tordjman S. (2006), « Enfants surdoués en difficulté : de l'hyperactivité avec déficit attentionnel à la dépression et l'échec scolaire », *Rev. méd. suisse*, 2, p. 533-553.

Tordjman S. (2007), « À la rencontre des difficultés présentées par les enfants surdoués », *Arch. pédiatr.*, 14, p. 685-687.

Tordjman S. (2012), « Les enfants à haut potentiel », *in* D. Marcelli et D. Cohen (éd.), *Enfance et psychopathologie*, Issy-les-Moulineaux, Elsevier et Masson, p. 216-222.

Treffinger D. J. (1980), « The progress and peril of identifying creative talent among gifted and talented students », *Journal of Creative Behavior*, 14 (1), p. 20-34.

Chapitre 10

Pourquoi faut-il prendre en compte les facteurs culturels dans le développement de l'enfant ?

MARIE ROSE MORO

Introduction

La société doit faire des choix pour ses enfants qui se traduisent par des orientations sociales et politiques. Il importe donc de défendre ce dont les enfants et leurs parents ont besoin, pour que cela puisse se refléter dans les choix collectifs qui les aident à grandir le plus harmonieusement possible et à trouver ce dont ils ont besoin. Cela est d'autant plus nécessaire que les enfants vivent des situations de vulnérabilité, comme une situation transculturelle : naître et grandir dans un pays qui n'est pas celui dans lequel vos parents ont grandi, parfois dans une autre langue, toujours dans d'autres représentations des enfants et de leurs parents et d'autres attentes. D'où, ces dernières années, la naissance dans le monde d'une véritable clinique transculturelle des enfants de migrants et de tous ceux qui, pour une raison ou une autre, traversent des structurations familiales différentes, des langues ou des mondes : les enfants de couples mixtes, les enfants adoptés dans un autre pays que celui de ceux qui les adoptent, les enfants confiés loin, les enfants voyageurs... Une clinique qui se développe beaucoup en Europe, au Canada et aux États-Unis.

Comment se représenter l'enfant en situation transculturelle ?

Avec les migrations et leurs conséquences quant à la transmission des techniques de maternage, se sont mis progressivement en place des travaux spécifiques sur les bébés de familles migrantes (pour une revue de la littérature, voir Moro, 2010). Tous ces travaux montrent l'importance des interactions tactiles et corporelles au détriment des interactions visuelles, qui sont celles qui prédominent en Occident, le syncrétisme des pratiques de soins aux bébés, l'attitude pragmatique des parents face aux techniques de soins à leur disposition – celles d'ici et celles de leur pays d'origine – (ils recherchent avant tout une efficacité), le désarroi de certaines mères migrantes confrontées à la solitude et au doute (comment faire pour bien élever ses enfants toute seule) et l'importance du savoir culturel des parents pour protéger les bébés et prévenir les dysfonctionnements futurs. Les mères migrantes cherchent désespérément des « co-mères », des mères avec commères au sens premier du terme, pour élever leur enfant en s'appuyant sur d'autres mères potentielles.

De la maison à l'école :
concilier les mondes

Pour les enfants d'âge scolaire, ce n'est que depuis une époque récente que de grandes études épidémiologiques sur l'enfant de migrants ont été entreprises. Les données chiffrées sont souvent difficiles à comparer, car, d'un auteur à l'autre, les catégories utilisées diffèrent (ethnie, nationalité des parents ou des enfants, inclusion ou non des Dom-Tom...). En Europe, les principales études (pour une revue de la littérature, voir Moro, 2002 ; Moro, 2007) aboutissent à des constatations convergentes : un taux d'hospitalisation significativement plus élevé chez les enfants de migrants que celui des enfants autochtones quel que soit le motif ; davantage de difficultés scolaires pour les enfants de migrants que pour les autres comme on le retrouve dans la résolution du Parlement européen du 2 avril 2009 sur l'éducation des enfants des migrants : des difficultés au niveau des apprentissages préscolaires et une pauvreté du langage – avec un retard de langage qui s'accentue avec l'âge. L'échec scolaire est très important et on constate une perte de chance des enfants de migrants par rapport aux autochtones à niveau social comparable. Près de 20 % d'élèves étrangers du second degré se trouvent chaque année dans les lycées professionnels ; au total, ce sont près de 50 % d'une génération d'enfants étrangers qui y seront scolarisés. En France, on estime à 50 % le nombre de jeunes migrants de la « deuxième génération » qui sortent de l'école à 16 ans sans avoir acquis la lecture et l'écriture.

Mais quel est le rôle du niveau social défavorisé de ces familles migrantes dans la genèse des perturbations ?

De multiples travaux ont établi des liens entre un niveau intellectuel médiocre mesuré par les tests, l'échec scolaire et le bas niveau social de la famille. Se pose alors l'hypothèse d'un lien entre ces deux facteurs appartenant au milieu : niveau social défavorisé et situation transculturelle. Dans l'état actuel de nos connaissances, ces deux variables se potentialisent sans que l'une soit réductible à l'autre.

Va-t-on à l'école pour la leçon
ou pour la maîtresse ?

Les différences sociales ou culturelles se transforment en différences scolaires sur plusieurs points (Charlot, 2000, p. 26) : premièrement, pour un enfant, quel sens cela a d'aller à l'école ? Deuxièmement, quel sens cela a de travailler (ou de ne pas travailler) à l'école ? Troisièmement, quel sens cela a d'apprendre et de comprendre, à l'école ou ailleurs ? Dans les études menées par Charlot (2000, p. 26-27) apparaît une différence significative : les élèves en difficulté disent qu'ils écoutent la maîtresse alors que les élèves en réussite disent qu'ils écoutent la leçon. Et Charlot de conclure : « Voilà un beau sujet de réflexion : va-t-on à l'école pour écouter la maîtresse ou pour écouter (aussi) la leçon ? » Cette question m'a laissée perplexe, je l'ai alors posée dans le cadre d'une recherche à Bobigny sur les enfants de migrants qui réussissent bien à l'école et j'ai été frappée de voir sur mon échantillon (50 enfants qui réussissent très bien à l'école en Seine-Saint-Denis) que, pour les enfants de migrants de mon étude, même brillants, ce résultat était à nuancer (Moro, 2007) : certes les enfants s'intéressent à la leçon mais aussi à celle ou celui qui l'incarne. Ce premier résultat à confirmer tendrait à montrer que les enfants de migrants sont dépendants de cet aspect affectif et relationnel pour apprendre, ce qui augmente leur vulnérabilité et leur sensibilité aux caractéristiques relationnelles de l'enseignant. Cette caractéristique est aussi à prendre en compte dans ces réussites labiles de certains enfants de migrants qui, alors qu'on les croyait résistants à la difficulté, voire résilients, « se cassent » brutalement lors d'un changement de classe ou d'enseignant. Mais bien d'autres ingrédients participent de ces brisures qui prennent parfois l'allure de névroses de destinée ou d'échec : comment réussir en s'identifiant à un père disqualifié par l'exil par exemple ?

Des rapports multiples au savoir

L'école elle-même est structurée par un certain rapport au savoir, qui appartient au monde occidental et qui détermine les méthodes pédagogiques, les relations avec les élèves, celles avec les parents... Ce rapport au savoir, il est, comme toute représentation culturelle, implicite et évident – chacun dans un groupe culturel et social donné le partage. Ce rapport au savoir est lié à la représentation de l'enfant, de sa nature, de ses besoins, de ses compétences. Que doit apprendre un enfant et comment peut-il le faire ? Les parents nomades, souvent très respectueux du savoir et de la science française transmis par l'école, le plus souvent ne connaissent pas et parfois ne partagent pas ce rapport au savoir. Souvent, ils font l'hypothèse qu'ici à l'école, on fait autrement, et présupposent que c'est bien ainsi et se tiennent à une distance respectueuse de l'école. D'où d'ailleurs ce sentiment de démission ou de non-investissement perçu par l'école alors qu'en réalité il s'agit de *bienveillance passive* : cet espace ne m'appartient pas, mais je considère qu'il est bon pour mon enfant. Ici encore, le rapport au savoir que l'enfant doit habiter pour pouvoir apprendre est celui de l'école française. Mais ce n'est possible de manière harmonieuse et sans effort surhumain pour l'enfant que s'il est guidé dans cette logique qu'il ne peut anticiper et si ce rapport au savoir n'invalide pas, ne disqualifie pas celui des parents, sinon le prix à payer est trop grand. Certains enfants ne pourront pas le faire. Ils resteront suspendus sans pouvoir faire ce travail d'appropriation active nécessaire aux apprentissages : la dissociation entre l'affect (les attachements familiaux) et le cognitif (le fonctionnement intellectuel) sera alors trop grande. Pour bien apprendre, il faut pouvoir avoir une estime de soi suffisante et une bonne sécurité interne, autant d'ingrédients qui dépendent de nos attachements.

Pour préciser les difficultés des enfants de migrants quels qu'en soient les déterminants, nous avons mené une série de recherches (Moro, 1998, 2002, 2007). Elles ont montré les aléas de la structuration cognitivo-intellectuelle et affective de l'enfant en situation transculturelle. Pour ce qui concerne l'étude menée avec un échantillon de 45 enfants appartenant à deux groupes, un groupe d'enfants autochtones, un groupe d'enfants de migrants, il n'y avait pas de différence significative quant au niveau socio-économique des deux groupes. À 8 ans, on retrouvait : un niveau intellectuel global des enfants de migrants plus bas que celui des autochtones ; une moins bonne réussite à certaines épreuves de langage ; une moins bonne réussite à l'épreuve de structuration intellectuelle non verbale avec des difficultés logiques pour percevoir et différencier

les contenants des contenus, percevoir les formes, intégrer la symétrie, intégrer les différences et les similitudes
formelles. Cette étude montrait que l'évolution des deux
groupes de la cohorte était différente : à l'âge de 8 ans,
les enfants de migrants avaient plus de troubles psychopathologiques, plus de difficultés intellectuelles et cognitives et, enfin, plus de difficultés scolaires que les autochtones. À l'intérieur même du groupe d'enfants indemnes
de toute pathologie, les différences subsistaient en ce qui
concerne l'évaluation intellectuelle, langagière et scolaire.
Ainsi, pour notre population, la structuration tant affective
qu'intellectuelle est compromise en situation transculturelle
et le bilinguisme est un facteur protecteur qui favorise les
apprentissages dans la langue seconde (Moro, 1994, 2002,
2007 ; Baubet et Moro, 2009). Favoriser la transmission de
la langue première des parents aux enfants est donc un
enjeu important de notre société européenne multiculturelle comme le rappelle la circulaire sur l'éducation des
enfants déjà citée.

Ces études ont établi des liens entre la « vulnérabilité
psychologique » et le fait d'être « enfants de migrants ».
Mais la nature des liens et les mécanismes d'une éventuelle
causalité restaient à établir – qui dit lien ne dit pas forcément causalité ! À partir de ces études et de la clinique, on
peut proposer plusieurs mécanismes pour rendre compte
à la fois de la vulnérabilité et des facteurs protecteurs du
développement des enfants en situation transculturelle.

Vulnérabilité du développement de l'enfant

Les enfants de migrants sont vulnérables, ils appartiennent à un groupe à risque. Des travaux cités, on en conclut que le premier moment de vulnérabilité de ces enfants est celui de la phase postnatale où le bébé et sa mère doivent s'adapter l'un à l'autre. La seconde période critique se situe au moment des grands apprentissages scolaires que sont le calcul, la lecture et l'écriture, moment d'inscription de l'enfant dans la société d'accueil. La troisième période vulnérable est indéniablement l'adolescence où se repose la question de la filiation et des appartenances.

La vulnérabilité psychologique est un concept développé par le pédopsychiatre américain James Anthony dès 1978. Mais les précurseurs sont nombreux : Margaret Mahler, Anna Freud… « On ne peut expliquer la vulnérabilité par les caractéristiques individuelles de l'enfant, mais il faut la comprendre en termes plus généraux et impersonnels. Je considère maintenant que le progrès de l'enfant le long des lignes de développement vers la maturité dépend de l'interaction de nombre d'influences extérieures favorables avec des dons innés favorables et une évolution favorable des structures internes » (Freud, 1978). La vulnérabilité est donc une notion dynamique ; elle affecte un processus en développement. Le fonctionnement psychique de l'enfant vulnérable est tel qu'une variation minime, interne ou externe, entraîne un dysfonctionnement important, une souffrance souvent tragique, un arrêt, une inhibition ou un développement *a minima* de son potentiel. En d'autres termes, l'enfant vulnérable est celui qui a « une moindre résistance aux nuisances et aux agressions » (Tomkiewicz et Manciaux, 1987). En génétique, l'expressivité d'un gène ou d'un ensemble de gènes peut être totale, partielle ou absente, il en est de même pour l'expression de ce point de fragilisation. Dans le devenir de ces enfants, il faut tenir compte de leur résistance, du jeu des possibles.

Présenter le monde

Pour comprendre la genèse de cette vulnérabilité, reprenons le parcours à partir des interactions précoces mère-enfant. La mère accouche seule dans un monde étranger avec tout ce que cela comporte de risques et d'incertitude. Elle devra s'ajuster à son bébé et apprendre à être mère sans l'aide de ses commères, contrairement à l'usage dans les sociétés traditionnelles où le groupe accompagne tous les moments initiatiques comme le sont la grossesse et la naissance de l'enfant. Dans ces premiers échanges, le bébé va être imprégné des manières de faire que la mère a amenées avec elle : une langue, des manières d'être et de faire, un rapport au monde, des techniques de soins... Au cours de cette période, la mère est confrontée à des tâches contradictoires : protéger l'enfant, l'investir, l'aimer à sa façon mais aussi le préparer à la rencontre avec le monde du dehors dont elle ne connaît pas forcément les logiques. Reprenons les notions classiques de Winnicott qui distingue trois séries d'actes dans les soins que la mère ou le substitut maternel prodigue à l'enfant (Moro et Nathan, 1989, 1995) : le *holding* où la mère tient l'enfant, lui assure un contenant corporel grâce à son propre corps, place le corps de l'enfant dans l'espace, elle le maintient ; le *handling* où la mère donne des soins à l'enfant, le manipule, lui procure des sensations tactiles, corporelles, auditives, visuelles ; l'*object-presenting* ou mode de présentation de l'objet, l'enfant a accès aux objets simples, puis aux objets de plus en plus complexes et enfin au monde dans toutes ses dimensions à travers sa mère : « Je pense que nous ne grandissons ainsi que si chacun d'entre nous a eu, au commencement, une mère capable de *lui faire découvrir le monde à petite dose* » (Winnicott, 1957, p. 75).

Analysons plus avant la fonction que nous avons appelée « présentation du monde » (Moro et Nathan, 1989). La mère appréhende le monde selon des catégories déterminées par sa culture. Son expérience du réel est « fractionnée » et « limitée » par ses outils culturels. Ce qu'elle perçoit du monde à travers cette matrice de lecture, ce ne sont pas les objets en soi, mais l'interaction de ce système de lecture structuré par la culture avec les objets externes. Ce codage culturel est transmis de génération en génération. C'est à ce niveau, et d'abord sur le versant externe, que la migration introduit une rupture brutale : les référentiels ne sont plus les mêmes, les catégories utilisées non plus, tous les repères vacillent (*ibid.*). Les conséquences au niveau de la mère sont de deux ordres : elle perd l'assurance qu'elle avait acquise dans la stabilité du cadre externe, le monde extérieur n'est plus sûr et un certain degré de confusion s'installe dans sa manière de percevoir le monde. Ainsi va-t-elle transmettre potentiellement à l'enfant cette perception kaléidoscopique du monde qui peut être génératrice d'angoisse et d'insécurité. La réalité de l'enfant se construit à partir de l'enveloppe externe fabriquée par la mère à travers les premières relations mère-enfant. Cette enveloppe est constituée d'une série d'actes opératoires (techniques de soins), d'actes corporels et sensoriels (interactions mère-enfant), d'actes de langage (la mère dit à l'enfant : « Je te perçois comme cela »...), d'actes psychiques (représentations maternelles de l'enfant, représentation réflexive de la mère lorsqu'elle était elle-même enfant...) (*ibid.*).

Ces éléments rendent compte de la vulnérabilité du bébé. Et ensuite ?

Penser le monde

Ainsi, ces enfants vont grandir relativement protégés dans ce monde maternel. Puis viennent le monde extérieur et l'école. Les parents migrants ont du mal, parfois, à apprendre à leurs enfants « le monde à petite dose ». Par conséquent, ces enfants rencontrent quotidiennement ce monde extérieur de manière traumatique. C'est dans ce contexte que l'enfant grandit et est amené à se séparer du milieu familial (monde du dedans) pour s'inscrire dans le milieu scolaire (monde du dehors et de l'étranger). Cela se passe d'une manière parfois brutale, car l'enfant est trop protégé « dedans » et pas assez préparé pour aller « dehors ». Cela est constaté aussi pour les enfants de familles qui vivent de grandes difficultés sociales et qui, par conséquent, sont exclues en grande partie des systèmes de partage de sens collectif et privées de possibilités d'anticipation d'un monde mal adapté. Ces enfants se confrontent au monde extérieur sans anticipation préalable. L'entrée à l'école ou, plus souvent, le début des grands apprentissages, qui constitue le véritable commencement, sont alors potentiellement traumatiques. Pour des raisons un peu différentes mais tout aussi tragiques et sachant que les enfants de migrants peuvent cumuler difficultés sociales et différence culturelle, le dehors est vécu sur un mode excluant. Trouver ma place dehors, garder celle qui me revient à l'intérieur, les deux ne peuvent coexister dans ma représentation, dans celle de mes parents. L'école est le second temps de la nécessaire prévention, avant que l'échec scolaire précoce et massif s'installe, irréversible, tragique et révoltant. Par l'écriture et la lecture, ils vont s'inscrire dans les logiques du monde français. Certains vivent ce moment comme un choix nécessaire mais impossible entre deux mondes. Alors, ils suspendent leur parole, leur pensée, leur être même. Ils cachent leur potentiel créateur sous le masque de l'inhibition, des troubles du comportement, du désintérêt... Quel gâchis ! Ce moment est, en effet, essentiel, car il détermine de façon quasi irréversible la place de l'enfant à l'extérieur. Or, l'on sait, par exemple, combien d'enfants de migrants sont très tôt exclus du système scolaire, ce qui hypothèque tout leur avenir.

Sur le plan cognitif, Gibello (1988) a établi un lien d'une autre nature entre la situation transculturelle et les troubles du développement cognitif en proposant l'hypothèse des « contenants culturels ». Ces derniers sont véhiculés implicitement par la culture et partagés par tous les membres d'un même groupe. Ils participent du bon fonctionnement des processus de pensée et de la communicabilité des contenus de pensée à l'intérieur d'un groupe : « La tradition amène les membres d'une même culture à donner un double sens à leurs perceptions : un sens banal et un sens culturel » (*ibid.*, p. 86). Or, lorsqu'on passe d'une culture à une autre, les contenants culturels implicites changent et, même s'ils arrivent avec le temps à être perçus, ils ne sont pas intériorisés. En situation transculturelle, des éléments implicites doivent être explicitement appris par l'enfant, ils ne sont pas donnés dans le berceau de l'enfant ! À lui de les apprendre, seul ou en se trouvant un guide. « On ne sera pas étonné que la transformation des contenants culturels s'accompagne de troubles divers de la fonction générale de "symbolisation", de même que des apprentissages cognitifs, scolaires, sociaux et culturels » (*ibid.*, p. 87).

Quelles que soient les difficultés à investir ce monde extérieur, les enfants, parfois très tôt, vont en savoir davantage sur lui que leurs propres parents, ce qui les met dans une position paradoxale qui ne respecte pas l'ordre des générations ou qui le bouscule avec parfois une véritable *inversion des générations* comme nous l'avons décrite avec d'autres (Moro et Nathan, 1989). Comme si ces enfants se suffisaient à eux-mêmes. Ce processus est toujours défensif, il importe donc de ne pas se laisser prendre par l'illusion de leur indépendance. Ces enfants, comme les autres, ont besoin de leurs attaches parentales et affectives. Mais cette inversion est aussi source de force pour l'enfant à condition de la prendre pour ce qu'elle est, une fiction qui accompagne l'enfant dans cette situation de métissage.

L'ENFANT EXPOSÉ

Pour comprendre les aléas de cette inscription dans le monde externe, Tobie Nathan (1986) a inféré l'existence d'une « structuration culturelle » – ce processus est indispensable pour rendre compte de la genèse de la culture intériorisée par l'enfant. Ainsi, l'enfant acquiert, de façon concomitante, sa structuration psychique – le « je » – et sa structuration culturelle qui est pour moi non pas : « Je suis bambara », mais « Je suis fils de Bambara », ce qui suppose une certaine distance par rapport à la structuration culturelle des parents – la distance du métissage et de la multiplicité. Ces deux structurations sont dépendantes l'une de l'autre. Le lien qui relie la série psychique et culturelle se met en place dans l'enfance, mais il est maintenu vivant et fonctionnel tout au long de l'existence grâce à l'homéostasie résultant des échanges permanents entre l'individu et son environnement culturel (Moro et Nathan, 1995). Ces deux structurations se présupposent mutuellement et sont liées l'une à l'autre, que l'une soit difficile et l'autre sera complexifiée et *vice versa*. D'où l'importance d'une lecture non pas culturaliste, mais complémentariste : psychologique et culturelle avec une analyse obligatoire des interactions entre ces deux niveaux – la complexité du vivant.

L'enfant de migrants qui grandit en situation transculturelle acquiert par conséquent une structuration culturelle construite sur un *clivage*, c'est-à-dire une séparation entre deux mondes de nature différente et qui entretiennent parfois des relations conflictuelles. Cette structuration est forcément incertaine et fragile, car non homogène. Pour grandir, en effet, l'enfant de migrants doit construire patiemment un nécessaire clivage entre le monde lié à la culture familiale – le monde de l'affectivité – et le monde du dehors, de l'école par exemple – monde de la rationalité et du pragmatisme. Cette quasi-obligation du « clivage des objets » des enfants de migrants qui peut conduire à un « clivage du moi » des enfants de migrants s'accompagne de processus de déni auxquels ils sont constamment contraints de recourir. Et quels sont les objets sur lesquels porte le déni ? Des travaux antérieurs ont montré que le principal objet du déni est la filiation et que ce déni est partagé par la famille (Moro et Nathan, 1989). En effet, l'enfant de migrants est perçu comme un étranger au sein de sa famille. Interviennent alors toujours des fantasmes, des représentations issues de mythes ou de légendes pour rendre compte de cette étrangeté (Nathan, 1987). S'il ne ressemble ni à son père ni à sa mère, s'il manifeste une telle connaissance de ce monde du dehors qui semble si complexe aux parents, c'est qu'il est la réincarnation d'un ancêtre, le don d'un génie, d'une divinité de la terre (*ibid.*)... ou encore, il a été blanchi par les *Blancs*, transformé par cette société que je connais si mal... J'ai, quant à moi, proposé le concept *d'enfant exposé* pour penser cette vulnérabilité (Moro et Nathan, 1989). Comme ces héros de la mythologie qu'on expose à un risque vital, Persée, Œdipe, Moïse, les enfants de migrants sont exposés au risque transculturel (celui du passage d'un univers à l'autre), mais aussi les enfants adoptés internationalement. Mais s'ils le maîtrisent et si, nous cliniciens, nous les aidons à construire des liens entre ces mondes, ces enfants, comme dans la mythologie, en acquièrent des qualités singulières. Cette situation potentialise alors leur créativité, comme tous ceux qui ont surmonté des risques, comme tous les métis aussi.

La structuration culturelle et psychique des enfants métisses est donc construite sur un clivage et sur un conflit dans un contexte d'instabilité et de multiplicité. Ces mécanismes de clivage et de conflit doivent, dès lors, être considérés comme des déterminants de la vulnérabilité des enfants de migrants.

Compétences, métissages et créativité

La situation transculturelle permet aussi des réussites souvent inattendues, parfois spectaculaires. Ce point, bien que trop rarement étudié, l'a été cependant par une sociologue, Dominique Schnapper, dans un travail sur l'« intégration des migrants » en France (1991). Étudiant la destinée des enfants de migrants, elle conclut à propos de la « sursélection » à laquelle ils sont soumis : « Ceux qui la surmontent en tirent un bénéfice supplémentaire dans la logique de l'affirmation de soi et de la recherche de la distinction, mais le risque d'échec est statistiquement élevé pour ceux qui n'ont pas les mêmes atouts individuels et sociaux » (p. 198).

Dans la population d'enfants de migrants qui réussissent bien ou assez bien à l'école, j'ai pu mettre en évidence trois cas de figure (Moro, 1998, 2002) : l'enfant bénéficie d'un milieu suffisamment sécurisant et riche en stimulations de toutes sortes ; l'enfant trouve dans l'environnement des adultes qui lui servent d'initiateurs (de guides dans le nouveau monde) ; l'enfant est doué de capacités personnelles singulières et d'une estime de soi importante.

Dans les deux premiers cas de figure, la situation de déséquilibre initial liée à la migration trouve des éléments contextuels pour rétablir un nouvel ordre et favorise ainsi le développement de potentialités créatrices. Dans le troisième cas, la source se trouve à l'intérieur même de l'enfant, l'on peut alors parler d'une quasi-invulnérabilité de l'enfant, au moins apparente. Ainsi, de nombreux facteurs interviennent dans la genèse de cette vulnérabilité, la personnalité de chaque enfant, son rang dans la fratrie, l'investissement parental, etc.

Face à cette situation de métissage, comme devant tout autre événement qui intervient dans le processus de développement de l'enfant, quatre facteurs sont à considérer. Le premier est la *vulnérabilité* (ou l'invulnérabilité) qui représente les capacités de défenses passives de l'enfant – la vulnérabilité est secondaire aux événements de vie et aux facteurs de risque. Mais il ne faut pas oublier les trois autres que sont la *compétence* qui représente les capacités d'*adaptation* active du nourrisson, de l'enfant, à son environnement, la *résilience* qui décrit les facteurs internes ou environnementaux de protection (Cyrulnik, 1999) et la *créativité* qui rend compte de la potentialité qu'ont certains enfants d'inventer de nouvelles formes de vie à partir de l'altérité ou du trauma.

Ainsi, *in fine*, les enfants de migrants, véritables enfants métisses, sont en avance sur les autres pour peu qu'ils trouvent dans leur développement des facteurs internes ou externes qui leur permettent cette nouvelle créativité qui est à inventer avec eux et avec leurs parents.

RÉFÉRENCES

Anthony E. J., Chiland C. et Koupernik C. (éd.) (1978), *Vulnerable Children*, New York, Wiley. *L'Enfant vulnérable*, Paris, PUF, 1982.

Baubet T. et Moro M. R. (2009), *Psychopathologie transculturelle*, Paris, Masson.

Ariès P. (1973), *L'Enfant et sa vie familiale sous l'Ancien Régime*, Paris, Seuil.

Charlot B. (2000), « Le rapport au savoir en milieu populaire : "apprendre à l'école" et "apprendre dans la vie" », *in* A. Bentolila (éd.), *L'École face à la différence*, Paris, Nathan, « Les entretiens Nathan », Actes X, p. 23-29.

Cyrulnik B. (1999), *Un merveilleux malheur*, Paris, Odile Jacob.

Devereux G. (1968), « L'image de l'enfant dans deux tribus : Mohave et Sedang », *Revue de neuropsychiatrie infantile et d'hygiène mentale de l'enfant*, 4.

Devereux G. (1970), *Essais d'ethnopsychiatrie générale*, Paris, Gallimard.

Devereux G. (1972), *Ethnopsychanalyse complémentariste*, Paris, Flammarion, 1985.

Freud A. (1978), « Avant-propos », *in* E. J. Anthony, C. Chiland, C. Koupernik (éd.), *L'Enfant vulnérable*, Paris, PUF, 1982, p. 13-14.

Gibello B. (1988), « Contenants de pensée, contenants culturels. La dimension créative de l'échec scolaire », *in* A. Yahyaoui (éd.), *Troubles du langage et de la filiation chez le Maghrébin de la deuxième génération*, Grenoble, La Pensée sauvage, p. 140-152.

Moro M. R. (1994), *Parents en exil. Psychopathologie et migration*, Paris, PUF.

Moro M. R. (1998), *Psychothérapie transculturelle des enfants de migrants*, Paris, Dunod, 1998.

Moro M. R. (2002), *Enfants d'ici venus d'ailleurs. Naître et grandir en France*, Paris, La Découverte.

Moro M. R. (2007), *Aimer ses enfants ici et ailleurs. Histoires transculturelles*, Paris, Odile Jacob.

Moro M. R. (2010), *Nos enfants demain. Pour une société multiculturelle*, Paris, Odile Jacob.

Moro M. R. et Nathan T. (1989), « Le bébé migrateur. Spécificités et psychopathologie des interactions précoces en situation migratoire », *in* S. Lebovici, F. Weil-Halpern (éd.), *Psychopathologie du bébé*, Paris, PUF, p. 683-722.

Moro M. R. et Nathan T. (1995) « Psychiatrie transculturelle de l'enfant », *in* S. Lebovici, R. Diatkine et M. Soulé, *Nouveau traité de psychiatrie de l'enfant et de l'adolescent*, Paris, PUF, vol. 1, p. 423-446.

Nathan T. (1986), *La Folie des autres. Traité d'ethnopsychiatrie clinique*, Paris, Dunod.

Nathan T. (1987), « La fonction psychique du trauma », *Nouvelle revue d'ethnopsychiatrie*, 8.

Schnapper D. (1991), *La France de l'intégration. Sociologie de la nation en 1990*, Paris, PUF.

Tomkiewicz S. et Manciaux M. (1987), « La vulnérabilité », *in* M. Manciaux, S. Lebovici, O. Jeanneret, E. A. Sand et S. Tomkiewicz (éd.), *L'Enfant et sa santé. Aspects épidémiologiques, biologiques, psychologiques et sociaux*, Paris, Doin, p. 737-742.

Winnicott D. W. (1957), « Le monde à petite dose », *in L'Enfant et sa famille*, Paris, Payot, trad. fr. : 1979.

Chapitre 11

Une psychiatrie de l'enfant sans psychiatres : un modèle utilisant les nouvelles technologies pour de vieux problèmes

DANIEL FUNG SHUEN SHENG, JILLIAN BOON SOK TENG

Le problème de la psychiatrie de l'enfant

La psychiatrie de l'enfant est une discipline relativement jeune, qui s'est développée au tournant du siècle. La première chaire de psychiatrie de l'enfant (la Blanche F. Ittelson Chair) a été créée en 1948 à l'Université Washington de Saint Louis, Missouri, États-Unis. E. James Anthony fut le premier professeur nommé à cette chaire. Il est de plus en plus difficile d'attirer des internes vers cette discipline, perçue comme une spécialité qui nécessite une formation longue et complexe, et qui est peu lucrative. La psychiatrie de l'enfant, dans sa forme actuelle, n'est pas rentable. De nombreux autres professionnels peuvent remplir des fonctions des pédopsychiatres, pour des coûts inférieurs. Le travail du psychiatre d'enfant doit s'adapter aux changements de l'époque. L'un des leviers de ce changement est la technologie. La technologie a changé notre façon de vivre. Son impact sur les pratiques en psychiatrie de l'enfant est moins net. Les psychiatres continuent à délivrer leurs soins dans des consultations et des hôpitaux spécialisés.

Le secteur de la santé mentale des enfants s'appuie traditionnellement sur les connaissances des spécialistes, un personnel abondant et centré sur l'alliance thérapeutique avec la personne. Les technologies sont peu utilisées dans les soins aux patients. En fait, il existe de grandes résistances à les intégrer dans les pratiques.

Face à l'augmentation des besoins des enfants en soins psychiques, avec une profession qui ne peut augmenter au même rythme, des stratégies s'appuyant sur la population sont nécessaires. Une telle approche devra tenir compte de l'écart croissant qui existe entre les difficultés et les troubles dans la communauté, et les ressources disponibles dans les hôpitaux, qui sont limitées. Cet écart exigerait un changement dans les prestations de soins en santé mentale, sans pour autant compromettre leur qualité ou leurs résultats. En substance, elles devraient être accessibles, rapides, efficaces, tout en restant abordables et sécurisées. Dans ce chapitre, nous allons essayer de proposer un tel modèle.

La santé mentale des enfants et des adolescents à Singapour

Singapour est une petite île d'un peu plus de 700 km^2 de superficie, située à l'extrémité de la péninsule malaisienne, avec une population de peuples autochtones appelés Orang Laut, jusqu'à ce que Singapour devienne un comptoir commercial britannique en 1819, pour la Compagnie des Indes. Aujourd'hui, Singapour est l'un des pays les plus riches, au quinzième rang dans le monde pour le PIB par habitant (Banque mondiale, 2012). L'état de santé physique y est bon par rapport aux normes internationales : en

2000, Singapour était classé par l'OMS à la sixième place mondiale. Le taux de mortalité infantile y est l'un des plus faibles (2 décès pour 100 000 naissances vivantes) et l'espérance de vie, la plus élevée dans le monde (81,8 en 2010). Les premières causes de morbidité et de mortalité sont les grandes maladies non transmissibles, comme le cancer et les maladies coronariennes. En 2010, les dépenses de santé représentaient 8,5 % des dépenses totales de l'État, mais continuent d'augmenter. Les dépenses de santé mentale constituent environ 10 % des dépenses de santé. À l'avenir, Singapour fera face à de nombreux défis, notamment l'un des taux de fécondité les plus bas du monde (1,15 par femme), des divorces en augmentation et une population vieillissante. On prévoit également une augmentation du coût des maladies mentales, qui deviendrait le plus important au cours de la prochaine décennie. En 2004, les troubles de santé mentale ont contribué à 11 % des années de vie corrigées de l'incapacité (Phua *et al.*, 2009).

La loi impose à tous les travailleurs d'épargner, selon leur âge et leurs ressources, 7 à 9,5 % de leurs revenus pour leur épargne personnelle de santé (Medisave), dont une partie constitue l'assurance-maladie de base (Medishield). En outre, le gouvernement permet aux pauvres d'accéder aux services de santé en fournissant des fonds (Medifund) pour les soins médicaux de base. En 2010, il y avait 11 509 lits d'hôpitaux répartis dans 30 hôpitaux. L'Institut de la santé mentale est le centre national spécialisé en psychiatrie et dispose d'un peu moins de 2 000 lits, dont 20 pour des adolescents de moins de 19 ans. Les soins primaires sont principalement assurés par des praticiens privés, tandis que les soins hospitaliers ont principalement lieu dans le secteur public.

Depuis 1978, des enquêtes spécifiques sur la santé mentale à Singapour ont été menées régulièrement pour développer les services et la surveillance des maladies. Elles ne sont que des instantanés transversaux et une seule porte sur les enfants (Woo *et al.*, 2007), montrant une prévalence globale des troubles de santé mentale de 12,5 %. Une enquête récente portant sur des adultes âgés de 18 à 65 ans a montré d'importantes lacunes dans le traitement de troubles de santé mentale (troubles anxieux généralisés et abus d'alcool), qui représentent 56,5 à 96,2 %. De plus, de nombreux troubles (troubles anxieux, dépression et dépendance à l'alcool) sont apparus dans la petite enfance et l'adolescence (Chong *et al.*, 2012a ; Chong *et al.*, 2012b).

Reconnaissant l'importance d'une approche s'appuyant sur la population, un Comité national pour la santé mentale a été mis en place en 2005, qui a conduit en 2007 à un plan d'action national. Le gouvernement de Singapour a reconnu qu'un programme national était nécessaire pour maintenir une bonne santé mentale, identifier précocement les problèmes de santé mentale et établir un programme d'intervention complet, à la fois dans le milieu des soins et de l'éducation. L'objectif initial du plan d'action pour les enfants et les adolescents portait sur le système scolaire, l'enseignement étant obligatoire et les écoles constituant une base évidente pour les efforts de prévention autant que d'intervention précoce. Cela a été réalisé par une équipe de la communauté, qui a été déployée de façon régionale et appelée « REACH » (atteindre), pour « Response, Early Assessment and intervention in Community mental Health » (évaluation et intervention précoce en santé mentale communautaire).

Le partenariat entre les ministères de la Santé et de l'Éducation est centré sur l'école et est progressivement mis en œuvre dans 360 écoles ordinaires et 20 écoles spéciales, dans tout Singapour, sur cinq ans. Les équipes de REACH constituent le cadre pour l'identification précoce des difficultés affectives et comportementales. REACH a formé 386 conseillers scolaires sur les sujets de santé mentale de l'enfant, augmentant ainsi la capacité des conseillers à détecter, évaluer et gérer les élèves concernés. Grâce à la formation, les conseillers pouvaient également identifier les élèves nécessitant des soins tertiaires. De même, les conseillers formaient le personnel des écoles à identifier et gérer les problèmes. Les médecins de soins primaires et les services sociaux des environs de l'école se sont également engagés à former un réseau de soutien communautaire, pour les élèves et les familles. Des groupes de soutien pour les parents ont été mis en place à partir des écoles, ainsi que des groupes nationaux de soutien par maladie, pour améliorer la compréhension et le transfert des connaissances.

Le programme REACH a montré qu'un système national de prévention et d'intervention précoce peut être mis en œuvre. La première implantation a permis de faire émerger un certain nombre de questions cliniquement pertinentes : il a été évalué quasiment autant de troubles comportementaux que de troubles affectifs, ce qui suggère que l'anxiété et la dépression étaient nettement sous-diagnostiquées. Cette possibilité d'écart entre ce qui est perçu et ce qui est réellement fréquent dans la population suggère qu'une certaine forme de dépistage est nécessaire à l'entrée de l'école et que nous avons besoin de recherches sur la façon dont le dépistage en santé pourrait être mené dans les écoles. Les données empiriques sur lesquelles s'appuient les services de santé mentale de Singapour proviennent en grande partie d'études occidentales, et il est nécessaire de trouver des moyens de gérer les risques et la résilience dans ce cadre asiatique particulier. Singapour est l'un des pays d'Asie orientale représentant les sociétés les plus avancées sur le plan technologique, avec une forte pénétration des technologies intelligentes dans l'utilisation quotidienne et beaucoup de jeux vidéo chez les jeunes. Singapour est donc un site idéal pour tirer parti des technologies pour la santé mentale de la population, en utilisant la plateforme REACH.

Introduction des technologies en psychiatrie de l'enfant

Les ordinateurs, Internet et les appareils de communication mobiles imprègnent désormais tous les aspects de nos vies. En 2011, il y avait tout autour de la planète près de 2,1 milliards d'internautes, soit environ 30,2 % de la population mondiale (Fung et Lim-Aschworth, 2012). À Singapour, 71,14 % de la population étaient utilisateurs d'Internet en 2010, soit le double des 35,03 %, dix ans plus tôt (Banque mondiale, 2010). Près de 80 % de la population mondiale possèdent un téléphone mobile et un quart sont des utilisateurs de téléphones intelligents (smartphones). Différents secteurs ont adopté le mariage entre les technologies et la plate-forme qu'elles offrent pour améliorer l'accessibilité, propager l'information rapidement et rationaliser les protocoles.

Le secteur de la santé mentale a traditionnellement beaucoup de personnel et met l'accent sur l'alliance thérapeutique centrée sur la personne. Il résiste beaucoup à l'utilisation des technologies dans les soins aux patients.

L'argument apporté est que la psychiatrie de l'enfant est une science relationnelle, qui nécessite des soins individualisés, et que les technologies auraient comme effet de nuire à la pratique et de s'éloigner du principe général qui vise à améliorer la maladie en se centrant sur la personne. En clair, elles déshumaniseraient la relation clinique par l'application froide d'un protocole normalisé avec l'aide de la technique. Pourtant, il existe des preuves en faveur de l'application des technologies dans les soins de santé mentale (Bauer et Moessner, 2012). Des instruments de dépistage, tels que des entretiens diagnostiques structurés, sont de plus en plus souvent informatisés. De nombreuses autres échelles cliniques peuvent être achetées et/ou téléchargées en ligne. Des sites sont mis en place par des institutions reconnues, mettant à disposition des documents sur des questions de santé mentale, tout comme de nombreuses personnes sur le World Wide Web[1] offrent une aide thérapeutique. De nombreuses publications sont consacrées à la chronique des avancées technologiques en psychiatrie et en psychologie, comme le *Journal of Cybertherapy and Rehabilitation and Cyberpsychology and Behavior*[2]. D'autres revues scientifiques, traditionnelles, ont commencé à inclure des numéros spéciaux sur des modalités de traitement basées sur des technologies spécifiques et innovantes. Une littérature abondante a également été publiée sur l'efficacité des différents systèmes informatiques et des logiciels, développés spécifiquement pour proposer des interventions pour divers groupes de diagnostics. L'introduction des technologies en santé mentale a fait un long chemin depuis l'époque où Joseph Weizenbaum a écrit le programme Eliza, dans les

---

1. World Wide Web (www) : la Toile (d'araignée) mondiale (*NdT*).
2. « Journal de cyberthérapie, réadaptation, cyberpsychologie et comportement ».

années 1960, pour imiter les interactions humaines dans ce qu'un thérapeute pouvait proposer. Eliza réagissait et répondait aux informations dactylographiées sur le clavier. Les technologies d'aujourd'hui sont plus sophistiquées et permettent de prendre en considération des informations sonores et visuelles. On peut citer comme exemples le capteur Kinect de la Xbox ou l'application de commande vocale Siri d'Apple. Ces progrès ont permis aux cliniciens d'imaginer de nouvelles façons d'inclure les technologies dans les traitements.

Intégrer les technologies en psychiatrie de l'enfant

Un des exemples les plus courants de l'utilisation des technologies en santé mentale est la télépsychiatrie. Grâce à la technologie des vidéoconférences, elles donnent accès à des évaluations et des interventions à distance. Un exemple de cette technique a été développé par le département de pédopsychiatrie de l'Université de Toronto, il y a plus de dix ans. Cela a permis à des agences de santé mentale de l'enfant qui faisaient partie des sites à distance préidentifiés, d'avoir accès à des formations, des consultations et des conseils par téléconférence, de la part de plus de 70 universités membres. Une revue récente (García-Lizana et Muñoz-Mayorga, 2010) suggère que les évaluations par vidéoconférence sont aussi bonnes que des entretiens en face à face, en particulier dans les situations où une entrevue en face à face n'est pas possible.

Une autre utilisation actuelle des technologies peut être trouvée dans les thérapies cognitivo-comportementales

(TCC), approches qui sont un pilier des interventions psychologiques dans les troubles affectifs. Elles ont été traduites en programmes informatiques et certaines ont même été installées sur des ordinateurs portables, qui donnent aux personnes les instructions spécifiques leur rappelant leurs objectifs de traitement, les exercices liés à la thérapie et les autoévaluations. Une revue de la littérature scientifique concernant les TCC informatisées indique que lorsque des techniques éprouvées sont adaptées pour être délivrées sur ordinateur, les résultats cliniques sont comparables aux services en face à face traditionnels, et qu'elles peuvent être indiquées à la fois pour l'anxiété et la dépression (Cavanagh et Shapiro, 2004 ; Tate et Zabinski, 2004). Par exemple, plusieurs études de cas concernant des populations d'enfants ont montré certains résultats positifs des TCC sur ordinateur et Internet, pour une série de cas de troubles anxieux, incluant la phobie des araignées (Nelissen *et al.*, 1995) et le mutisme sélectif (Fung *et al.*, 2002). Philip Kendall a converti ses TCC sous forme de manuels en TCC sur ordinateur pour les enfants (Camp-Cope-A-Lot, CCAL) et adolescents (CBT4CBT). CCAL utilise divers personnages, des animations Flash, des sons, des animations 2D avec des jeux, des vidéos, des schémas, un système intégré de gratifications, un système d'autocontrôle, du texte écrit et un personnage de dessin animé amusant, appelé « Charlie », que l'utilisateur doit guider à travers le programme. Le programme est trois fois moins cher que la thérapie conventionnelle et peut être effectué confortablement à l'école ou à la maison (Kendall *et al.*, 2011).

La technologie peut également être adaptée pour être utilisée comme un appendice du protocole d'intervention standard. Des bracelets montres préprogrammés, conçus pour sonner à une heure précise, ont été remis à un groupe de sujets présentant des comportements d'hyperphagie. Lorsque la montre se déclenche, on demande aux sujets d'enregistrer leurs émotions, la détresse qu'ils pourraient éprouver, leur niveau de faim, les fringales ainsi que l'intensité de leur envie de grignotage. La prise de conscience de la gravité de leur situation, associée avec l'accès à l'information enregistrée en continu, donnera aux thérapeutes un précieux matériel pour travailler.

L'utilisation de téléphones mobiles intelligents pour des interventions en santé mentale ne doit pas être écartée, avec l'augmentation actuelle des utilisateurs de ce type d'appareil. Cela signifie que le pouvoir du traitement est littéralement dans la paume de vos mains, et peut être facilement accessible *via* le téléchargement d'applications sur les téléphones intelligents. Il existe des applications pour les troubles de l'humeur, les troubles obsessionnels compulsifs (TOC) et les troubles de stress post-traumatique (TSPT). Clay *et al.* (2012) ont récemment développé des capteurs de téléphones intelligents pour suivre les déplacements et les activités du patient, en accord avec leurs objectifs de traitement comportemental. Lorsque les objectifs de comportement du patient ont été respectés, le capteur de suivi envoie automatiquement des messages de félicitations pour encourager le patient. La palette des applications qui peuvent être téléchargées gratuitement sur téléphone intelligent est large : applications qui enseignent des compétences en relaxation, pour l'anxiété sociale, pour la gestion du comportement en classe, jusqu'à la gestion de la perte de poids.

Les environnements virtuels simulés par ordinateur sont devenus plus sophistiqués que le casque encombrant de 1968 (Sutherland, 1968). Cela a permis à la réalité virtuelle de fonctionner comme un outil technologique important pour les thérapies d'exposition, dans les interventions pour anxiété. Certaines études ont montré qu'un environnement simulant l'avion par ordinateur est efficace dans le traitement de la peur de l'avion (Tortella-Feliu *et al.*, 2011). Divers degrés d'exposition (par exemple, décollages et atterrissages) peuvent être intégrés à la réalité virtuelle, pour adapter le programme de traitement.

Jeux électroniques
en psychiatrie de l'enfant

Un jeu est défini comme une activité de divertissement ou d'amusement. Les jeux vidéo ont une place importante dans la vie des jeunes. La plupart des études sur la santé mentale mettent l'accent sur le potentiel de nuisance des jeux (agressivité, toxicomanie), mais ignorent les bénéfices potentiels. Des données de Singapour (Gentile *et al.*, 2012) montrent que jouer à des jeux vidéo peut être bon. Par exemple, les symptômes pathologiques et le temps dédié au jeu dépendent de la surveillance parentale, mais des catégories universitaires supérieures, un environnement familial positif et des compétences personnelles, comme la maîtrise de soi, la conscience émotionnelle et l'empathie, sont liés au jeu, pratiqué de façon responsable et supervisée. Les joueurs ne sont plus un petit groupe isolé mais représentent la majorité des enfants d'aujourd'hui. Jusqu'à 90 % des enfants ont accès à des smartphones, ou autres appareils de divertissement portables qui se connectent au Web. Dans un suivi systématique de plus de deux ans de 3 034 élèves de 12 écoles de Singapour, 93 % des enfants ont déclaré jouer aux jeux vidéo, un temps moyen de jeu de plus de 20 heures par semaine (Gentile *et al.*, 2011).

L'utilisation des jeux pour l'apprentissage, l'enseignement et les interventions psychologiques est en augmentation. Selon Derryberry (2007), il existe trois types de jeux en ligne : les jeux grand public, les *advergames*[1] et les *serious games*[2]. Les jeux grand public ont une fonction de divertissement et s'ils entraînent ou peuvent entraîner un apprentissage, c'est davantage un effet latéral que le résultat attendu du jeu. Quelques exemples de jeux grand public : Solitaire, Tetris, The Sims Online, Counter-Strike, Halo, etc. Les *advergames* visent la promotion d'une marque, d'un produit ou d'une cause. Ce type de jeux est devenu de plus en plus populaire comme forme de publicité pour les films et les émissions de télévision. Le dernier type est le *serious game*. D'une façon générale, ce sont des jeux conçus avec une intention autre que de divertissement. Souvent, cela peut concerner l'éducation ou, de plus en plus, les soins de santé.

Les jeux peuvent être utilisés pour évaluer et identifier les problèmes, mais peuvent aussi constituer une forme d'intervention. Les professionnels de santé mentale explorent des façons créatives d'intégrer des éléments des nouvelles technologies dans le travail clinique avec une population de jeunes, familiers des jeux vidéo. Des consoles de jeux de nouvelle génération, comme la Nintendo Wii et le Kinect pour Xbox 360 de Microsoft, ont été introduites pour le traitement d'un certain nombre de troubles de santé mentale, notamment pour des enfants présentant un trouble déficit d'attention/hyperactivité (TDAH) et des troubles du spectre autistique (Parsons et Mitchell, 2002). *Treasure Hunt* a été le premier jeu vidéo développé pour

---

1. Contraction de *advertisement* (publicité) et *game* (jeu) (*NdT*).
2. Jeux sérieux.

servir de support au traitement cognitivo-comportemental d'enfants âgés de 8-12 ans avec divers troubles (Brezinka et Hovestadt, 2007). *gNats Island* est un autre jeu sur ordinateur qui utilise l'approche des TCC avec les adolescents souffrant de dépression et d'anxiété (Coyle *et al.*, 2010). D'autres jeux basés sur le Web ont été conçus pour cibler le changement de domaines spécifiques, comme l'agressivité ou les stratégies d'adaptation. Par exemple, le portail du Web Reach Out Central (www.reachoutcentral.com.au) vise à enseigner aux adolescents comment faire face pour s'adapter et comment gérer la résilience (Shandley *et al.*, 2010).

Singapour et la présentation sous forme de jeu des interventions de psychiatrie de l'enfant

LE PORTAIL WEB REACHING OUT TO CHILDREN AND ADOLESCENTS BEYOND THE CLINIC[1] (ROC-N-ASH)

Le TDAH et les troubles anxieux sont deux des problèmes de santé mentale les plus fréquemment observés dans les centres de guidance infantile de Singapour. Toutefois, en raison des ressources limitées en professionnels, il y a souvent un long temps d'attente avant que les enfants atteints de ces troubles ne bénéficient d'un traitement dans une clinique spécialisée. Par conséquent, Roc-n-Ash (http://www.roc-n-ash.com) a été développé comme une des solutions pour apporter une intervention précoce aux enfants souffrant d'un TDAH et de troubles anxieux.

Roc-n-Ash a impliqué une collaboration tripartite entre des professionnels de la santé mentale, des experts

---

1. « Tendre la main aux enfants et aux adolescents au-delà de la clinique ».

en information et communication, et des professionnels du *e-learning/gaming* (apprentissage électronique/jeux vidéo). Il a été développé comme un système de technologies de l'information innovant et holistique pour gérer la santé mentale de l'enfant et de l'adolescent. Roc-n-Ash permet aux professionnels de la santé de faire levier sur le système pour promouvoir la santé mentale et faciliter la détection et l'intervention précoces pour les enfants et les adolescents à risque de troubles de santé mentale. Cela a également encouragé la participation des écoles et des soignants, avec une plus grande responsabilisation concernant les connaissances sur les troubles mentaux et les stratégies de traitement.

Le portail Roc-n-Ash est un système interactif avec un didacticiel d'information sur le TDAH et l'anxiété chez les enfants, des livres à acheter, des annonces d'événements et des jeux thérapeutiques. Le didacticiel d'information est accessible en ligne, afin d'améliorer les connaissances sur le TDAH et des troubles anxieux, et il propose gratuitement des stratégies pour la gestion des enfants et des adolescents présentant ces troubles. Plus précisément, le module TDAH comprend un outil de dépistage qui aide les parents et le personnel scolaire à repérer les risques de symptômes d'inattention et/ou d'hyperactivité-impulsivité et leur gravité. Le public peut également acheter des livres sur la santé mentale, être informé des prochains forums publics et des ateliers de santé mentale, et s'inscrire en ligne sur le portail. Les jeux thérapeutiques plongent l'enfant dans le rôle d'un avatar, qui gagne des pièces d'or en remplissant des missions avec différentes étapes. Par exemple, un jeu appelé *Sauver Loumba* est un logiciel d'alphabétisation, conçu pour aider les enfants qui souffrent de TDAH avec difficulté d'alphabétisation à apprendre des façons de mieux se concentrer et d'être moins impulsif dans l'exercice des activités de lecture et d'orthographe. Les *computer assisted strategies to lessen excessive anxiety in children*[1] (CASTLE-AC) enseignent à l'enfant et à l'adolescent des compétences pour gérer leur anxiété, à travers des missions et des enquêtes pour vaincre les monstres de l'anxiété. Les écoles peuvent s'inscrire pour les jeux et peuvent être formées à l'utilisation du programme. Le développement de Roc-n-Ash sert également comme ressource pour les équipes communautaires de REACH, dans le cadre d'une approche s'appuyant sur la population.

DÉVELOPPEMENT D'UN JEU SUR LE WEB
POUR L'ENTRAÎNEMENT DES COMPÉTENCES
EN RÉSOLUTION DE PROBLÈMES

L'entraînement des compétences en résolution de problèmes a été développé dans le cadre du traitement des enfants avec TDAH (Ooi *et al.*, 2007). Un jeu basé sur l'informatique a été développé dans le cadre de la thèse d'un doctorant, en utilisant des concepts de l'entraînement à la résolution de problèmes. Le prototype du logiciel a subi une évaluation préliminaire. La première partie de l'étude a porté sur 12 élèves (6 garçons et 6 filles) d'école primaire (âgés de 10 ans) et le but était d'obtenir le point de vue des élèves sur la convivialité et la jouabilité du prototype. Les résultats préliminaires sont positifs. Les élèves estiment que le prototype est agréable et qu'ils pourraient apprendre des concepts utiles pour la gestion de la colère (Tan *et al.*, 2010). Le financement de la recherche a été attribué en 2011 pour développer un jeu à part entière,

---

1. « Stratégies assistées par ordinateur pour diminuer l'anxiété excessive chez les enfants ».

à partir de nos premiers résultats. L'équipe s'est associée à une société de jeux locale pour développer ce jeu. La conception et le développement du jeu sont actuellement en cours et se sont terminés à la fin de 2012.

Le jeu a pour but d'encourager le joueur à apprendre et à expérimenter la responsabilité sociale à travers la création d'environnements amusants et attractifs, en faisant appel à des compétences pour la gestion de la colère et aux aptitudes sociales. L'histoire du jeu se déroule au Moyen Âge. Dans ce village, règne un équilibre entre la bonne et la mauvaise énergie, qui est géré par une machine spéciale. Un seigneur des ténèbres veut laver le cerveau des habitants du village et a des plans pour les manipuler à l'aide de la machine, en les inondant de mauvaise énergie. Un jeune garçon (le joueur) est kidnappé par le seigneur des ténèbres pour que ses parents, qui sont inventeurs et scientifiques, l'aident à construire une machine à laver le cerveau des habitants de ce monde, provisoirement appelé Arcadia. Le méchant espère dominer les villages et leur imposer ses obscures volontés. Pour sauver ses parents, le jeune garçon devra passer par divers défis et missions qui testent sa patience, sa régulation émotionnelle et sa maîtrise de soi. Le joueur reçoit des retours positifs ou négatifs du jeu, selon qu'il parvient ou non à accomplir des tâches. Le joueur est d'autant plus engagé dans le contrôle de son avatar, qu'il peut personnaliser son équipement et gagner des accessoires pour cela, en remportant des points au cours du match. De plus, le joueur traverse différents univers, avec différents équipements, ce qui le confronte à différents défis, l'amenant indirectement à acquérir des compétences : identification des émotions et des sentiments, prise de recul, adaptation, empathie, compétences sociales et résolution de problèmes. Ces compétences sous-tendent les objectifs de chaque mission, destinée à solliciter une réponse dans chaque type de compétences. Des enregistrements sonores sont également inclus dans le jeu.

Un des enjeux les plus difficiles dans l'élaboration d'un *serious game* est l'équilibre entre ce qui est une intervention de santé mentale et ce qu'apprécient les joueurs. Par exemple, les jeux s'appuient traditionnellement sur quatre facteurs pour favoriser l'engagement du joueur : l'amusement pour la détente et le divertissement, la curiosité de découvrir quelque chose de nouveau, des défis avec le sentiment d'accomplissement et la socialisation pendant le jeu. Dans un *serious game*, nous devons introduire des éléments correspondant aux quatre facteurs, mais aussi intégrer l'objectif du jeu. Dans notre cas, il était de développer une capacité à réduire l'agressivité.

Vision pour le futur

Nous pensons que l'avenir des soins de santé mentale, comme pour la plupart des soins de santé, s'appuiera sur la population. Cette stratégie basée sur la population est nécessaire pour relever le double défi de l'augmentation des demandes et de la limitation des ressources humaines. Cette stratégie portera sur les lacunes en matière de traitement que nous observons dans de nombreuses maladies chroniques, souvent dépistées tardivement. La découverte tardive des maladies a pour résultat une charge importante pour la société et la nécessité de construire davantage d'hôpitaux et d'autres établissements de soins de courte durée. Le repérage précoce des maladies et la prévention chez les personnes à haut risque nécessitent un système autopiloté mais personnalisé. Comme il est impossible de disposer d'un nombre important de cliniciens et de professionnels de santé, de tels systèmes nécessitent des technologies et leurs applications, pour que chaque personne soit son propre spécialiste. Le problème avec les traitements fondés sur des preuves, c'est qu'ils ne sont bien appliqués que dans des dispositifs médicaux d'excellence et qu'ils ne bénéficient qu'à une partie de la société. Ils peuvent donner lieu à des temps d'attente pour un traitement et sont réservés habituellement aux personnes les plus gravement malades ou à celles qui peuvent les financer. Les technologies peuvent changer cela, en identifiant rapidement les problèmes ou encore en proposant des stratégies de prévention mises en œuvre dans le confort de la maison, de l'école ou de l'entreprise de chacun. Les réseaux de neurones et leurs modes d'activation sont aujourd'hui utilisés dans les bases de données de neuro-imagerie fonctionnelle, comme sont systématiquement faits les liens entre associations génomiques et caractéristiques comportementales. Le développement du Web 3.0 laisse penser qu'une utilisation intelligente de l'information personnalisée peut être un support pour le dépistage et l'identification en santé. Les jeux peuvent constituer le lien pour rassembler ces innovations sous une forme qui soit largement acceptée.

Singapour a déployé son plan d'action national pour la santé mentale en 2007. L'objectif du plan d'action pour les enfants et les adolescents est constitué des équipes communautaires REACH, qui travaillent avec les écoles. REACH a adopté divers outils et ressources, initialement conçus pour une utilisation dans les dispositifs tertiaires de psychiatrie de l'enfant, et modifie ces outils (si nécessaire) pour une utilisation dans la communauté, s'appuyant sur la technologie. Un portail Web est utilisé comme porte d'entrée pour la formation des parents et des enseignants, ainsi que pour mettre à disposition de nouvelles interventions sur le Web pour l'anxiété et le TDAH. Des recherches préliminaires sur les *serious games*, axées sur des questions de santé mentale, comme la gestion de la colère, sont développées en tant que compléments accessibles à travers le portail, en incluant la possibilité pour les conseillers de partager du matériel. Espérons que le portail lui-même peut servir de plate-forme collaborative pour divers organismes de soins de santé à Singapour et dans le monde. Les technologies peuvent et vont diminuer les réservoirs de soins actuels, car elles transcendent les frontières géographiques, sociales et politiques.

La santé mentale du futur est un concept en pleine évolution, qui va encore nécessiter des esprits ouverts et des cœurs passionnés. Le changement de paradigme, des soins tertiaires aigus dans les hôpitaux et les cliniques à des interventions personnalisées s'appuyant sur la personne elle-même, son travail et sa famille, n'est pas facile à accepter. Nous croyons qu'en adoptant une approche basée sur la population, nous serons en mesure de trouver comment mettre à disposition des dispositifs fondés sur des preuves, qui soient efficaces partout dans le monde, quelles que soient les ressources.

RÉFÉRENCES

Banque mondiale (2010), « PIB par habitant et par pays, 2010 », http://data.worldbank.org/indicator/ (consulté le 3 mars 2012).
Banque mondiale (2012), « World development indicators Singapore Internet users as percentage of population », http://www.google.com.sg/publicdata/explore?ds=d5bncppjof8f9_&met_y=it_net_user_p2&idim=country:SGP&dl=en&hl=en&q=internet+users (consulté le 12 aout 2012).

Bauer S. et Moessner M. (2012), « Technology-enhanced monitoring in psychotherapy and e-mental health », *J. Ment. Health*, août, 21 (4), p. 355-363. Epub 1ᵉʳ mai 2012.

Bilder R. M. (2011), « Neuropsychology 3.0 : Evidence-based science and practice », *J. Int. Neuropsychol. Soc.*, janvier, 17 (1), p. 7-13.

Brezinka V. et Hovestadt L. (2007), « Serious games can support psychotherapy of children and adolescents », *in* A. Holzinger (éd.), *HCI and Usability for Medicine and Health Care. Proceedings of Third Symposium of the Workgroup Human-Computer Interaction and Usability Engineering of the Austrian Computer Society, USAB 2007 Graz, Austria, November 22, 2007*, Heidelberg, Springer Verlag, p. 357-364.

Cavanagh K. et Shapiro D. A. (2004), « Computer treatment for common mental health problems », *J. Clin. Psychol.*, mars, 60 (3), p. 239-251.

Chong S. A., Abdin E., Sherbourne C., Vaingankar J., Heng D., Yap M. et Subramaniam M. (2012a), « Treatment gap in common mental disorders : The Singapore perspective », *Epidemiol. Psychiatr. Sci.*, juin, 21 (2), p. 195-202.

Chong S. A., Abdin E., Vaingankar J. A., Heng D., Sherbourne C., Yap M. *et al.* (2012b), « A population-based survey of mental disorders in Singapore », *Ann. Acad. Med. Singapore*, 41, p. 49-66.

Christensen H., Griffiths K. M. et Jorm A. F. (2004), « Delivering interventions for depression by using the Internet : Randomized control trial », *British Medical Journal*, 328, p. 265-269.

Clay F. J., Collie A. et McClure R. J. (2012), « Information interventions for recovery following vehicle-related trauma to persons of working age : A systematic review of the literature », *J. Rehabil. Med.*, 7 juin, 44 (7), p. 521-533. doi:10.2340/16501977-0980.

Coyle D., Matthews M., Sharry J., Nisbet A. et Doherty G. (2010), *Personal Investigator. A Therapeutic 3D Game for Adolescent Psychotherapy*, Dublin, Media Lab Europe.

Derryberry A. (2007), « Serious games : Online games for learning », http://www.imserious.net (consulté le 14 août 2012).

Fung D. S., Manassis K., Kenny A. et Fiksenbaum L. (2002), « Web-based CBT for selective mutism », *Journal of the American Academy of Child and Adolescent Psychiatry*, 41 (2), p. 112-113.

Fung D. S. S. et Lim-Ashworth S. J. N. (2012), « Opening minds : The use of technology to provide a personalized population based mental health programme », *Asia Pacific Biotech. News*, 16 (2), p. 35-37.

García-Lizana F. et Muñoz-Mayorga I. (2010), « What about telepsychiatry ? A systematic review, Prim Care Companion », *J. Clin. Psychiatry*, 12 (2).

Gentile D. A., Choo H., Liau A., Sim T., Li D., Fung D. S. S. et Khoo A. (2011), « Pathological video game use among youths : A two-year longitudinal study », *Pediatrics*, 127, p. 319-329.

Gentile D. A., Swing E. L., Lim C. G. et Khoo A. (2012), « Video game playing, attention problems, and impulsiveness : Evidence of bidirectional causality », *Psychology of Popular Media Culture*, 1 (1), p. 62-67.

Harrison V., Proudfoot J., Wee P. P., Parker G., Pavlovic D. H. et Manicavasagar V. (2011), « Mobile mental health : Review of the emerging field and proof of concept study », *J. Ment. Health*, décembre, 20 (6), p. 509-524. Epub 11 octobre 2011.

Kendall P. C., Khanna M. S., Edson A., Cummings C. et Harris M. S. (2011), « Computers and psychosocial treatment for child anxiety : Recent advances and ongoing efforts », *Depress. Anxiety*, janvier, 28 (1), p. 58-66.

Kirmayer L. J. (1989), « Cultural variations in the response to psychiatric disorders and emotional distress », *Soc. Sci. Med.*, 29 (3), p. 327-339.

Lee N. B. C., Fung D. S. S., Cai Y. et Teo J. (2003), « A five-year review of adolescent mental health usage in Singapore », *Annals Academy of Medicine, Singapore*, 32 (1), p. 7-11.

Ministère de la Santé de Singapour, « Singapore Health Facts 2010 », http://www.moh.gov.sg/content/moh_Web/home/statistics/Health_Facts_Singapore.html (consulté le 12 décembre 2011).

Nelissen I., Muris P. et Merckelbach H. (1995), « Computerized exposure and in vivo exposure treatments of spider fear in children : Two case reports », *J. Behav. Ther. Exp. Psychiatry*, juin, 26 (2), p. 153-156.

Ng T. P., Fones C. S. L. et Kua E. H. (2003), « Preference, need and utilization of mental health services, Singapore National Mental Health Survey », *Aust. N.Z. J. Psychiatry.*, 37, p. 613-619.

Ooi Y. P., Fung D., Wong G., Cai Y. M. et Ang R. (2007), « Effects of CBT on children with disruptive behaviour disorders : Findings from a Singapore study », *ASEAN Journal of Psychiatry*, 8 (2), p. 71-81.

Parsons S. et Mitchell P. (2002), « The potential of virtual reality in social skills training for people with autistic spectrum disorders », *J. Intellect. Disabil. Res.*, juin, 46 (Pt 5), p. 430-443.

Phua H. P., Chua A. V., Ma S., Heng D. et Chew S. K. (2009), « Singapore's burden of disease and injury 2004 », *Singapore Med. Journal*, 50 (5), p. 468-478.

Shandley K., Austin D., Klein B. et Kyrios M. (2010), « An evaluation of "Reach Out Central" : An online gaming program for supporting the mental health of young people », *Health Educ. Res.*, août, 25 (4), p. 563-574.

Stapleton A. J. (2004), « Serious games : Serious opportunities », *Australian Game Developers' Conference*, Melbourne, VIC.

Sutherland I. E. (1968), « A head-mounted three-dimensional display », *Proceedings of American Federation of Information Processing Societies*, p. 757-764.

Tan J. L., Goh D. H., Ang R. P. et Huan V. S. (2010), « Child-centered interaction in the design of a game for social skills intervention », *Proceedings of the ACM CiE 7th International Conference on Advances in Computer Entertainment Technology*, Taipei, Taiwan.

Tate D. F. et Zabinski M. F. (2004), « Computer and Internet applications for psychological treatment : Update for clinicians », *J. Clin. Psychol.*, février, 60 (2), p. 209-220.

Tortella-Feliu M., Botella C., Llabrés J., Bretón-López J. M., del Amo A. R., Baños R. M. et Gelabert J. M. (2011), « Virtual reality versus computer-aided exposure treatments for fear of flying », *Behav. Modif.*, janvier, 35 (1), p. 3-30.

Wagner B. et Moercker A. (2007), « A 1.5 year follow-up of an internet-based intervention for complicated grief », *Journal of Traumatic Stress*, 20, p. 625-629.

Woo B. S. C., Ng T. P., Fung D. S. S. *et al.* (2007), « Emotional and behavioral problems in Singaporean children based on parent, teacher and child reports », *Singapore Med. Journal*, 48 (12), p. 1100-1106.

Chapitre 12

Psychiatres d'enfants : comment nous perçoit-on ?

Myron L. Belfer

Ce chapitre décrit un ensemble vérifiable de données, mais, peut-être de manière plus significative, le chemin parcouru par son auteur au cours de sa carrière depuis ce que beaucoup considèrent comme l'âge d'or de la psychiatrie de l'enfant jusqu'aux temps présents où les défis se multiplient et les réponses restent à trouver. La psychiatrie de l'enfant a connu ces soixante dernières années une évolution qui menace ses valeurs fondamentales : si on ne le reconnaît pas, notre profession sera éclipsée par d'autres professionnels ou par des non-professionnels. Ce qui a déclenché ce souci actuel fut une manchette dans *Science* le 16 mars 2012 constatant : « Qui a besoin de psychiatres ? » Bien que ce titre ne concernât pas nommément les psychiatres d'enfants, il nous réveilla et nous amena à considérer où nous en sommes. Pendant des décennies, le cri de ralliement a été : « Il n'y a pas assez de psychiatres d'enfants », mais, maintenant, on proclame : « Nous n'en aurons jamais assez, alors comment offrir des services en se passant d'eux. » Nombreux seront ceux qui rétorqueront que les points de vue exprimés ici sont trop extrêmes et pessimistes, mais souhaitons qu'ils stimulent ainsi notre pensée et servent de signal d'alarme à la profession pour être plus dynamique et assurer l'avenir.

La psychiatrie de l'enfant dans les années 1960 et les décennies suivantes aux États-Unis et à travers le monde fut considérée comme une spécialité émergente construite sur la base des découvertes de la psychanalyse et aussi comme ouvrant un champ nouveau de travail avec les pédiatres dans les hôpitaux et avec la communauté dans les centres de guidance infantile dans le monde entier. De nombreux pédiatres se sentirent chez eux en psychiatrie de l'enfant où l'on reconnaissait le besoin de prendre en compte la vie affective des enfants et des familles qu'ils traitaient. Aux psychiatres d'enfants revenait la charge de diagnostiquer l'étiologie des problèmes complexes rencontrés tant à l'hôpital que dans la communauté. Les psychanalystes aussi se trouvèrent naturellement chez eux en psychiatrie de l'enfant où l'on a une perspective développementale.

Mais, sans en réaliser clairement les conséquences, on commença en même temps à semer les graines qui allaient miner le champ de la psychiatrie de l'enfant. Une conséquence involontaire du mouvement pour la santé mentale dans la communauté fut de drainer de plus en plus d'individus vers les services de santé mentale infantile en se centrant en même temps sur la démystification de ce qui avait été vu jusque-là comme une spécialité fondée sur la psychanalyse. Bien qu'il ne soit pas élégant de le dire ainsi, la psychiatrie de l'enfant fut « descendue en flèche » en déployant des efforts de formation importants dans le monde occidental pour que d'autres comprennent les principes de la santé mentale et déstigmatisent la quête d'aide. En même temps, la recherche en psychiatrie de l'enfant prenait du retard tandis que les psychiatres adultes parlaient de l'« hypothèse de la catécholamine » et de la génétique de la schizophrénie.

Le modèle médical psychanalytique fut remplacé par un modèle beaucoup plus égalitaire et plus inclusif. Les consultations scolaires et les programmes communautaires proliférèrent et de plus en plus d'individus pensèrent qu'ils pouvaient et devraient être des cliniciens de santé mentale infantile. Les psychiatres d'enfants constituaient une menace pour les psychiatres d'adultes, étant souvent les gardiens de l'accès au financement et à la politique et étant considérés trivialement comme de glorieux thérapeutes par le jeu. Ce n'était de loin pas le cas quand les psychiatres d'enfants prenaient en charge les cas judiciaires les plus difficiles, luttaient pour découvrir un traitement de l'anorexie mentale et s'efforçaient de trouver comment utiliser l'arsenal très limité des médicaments. Les psychiatres d'enfants avaient un rôle à jouer pour un diagnostic complet et l'intégration de toutes les connaissances dans les cas complexes.

Mon histoire personnelle

Il est peut-être utile de partager mon histoire personnelle en ce qui concerne la montée et la descente de la psychiatrie de l'enfant. J'ai fait ma formation en psychiatrie de l'enfant de 1968 à 1970 au Boston Children's Hospital. En ce temps-là, il était presque requis de devenir psychanalyste pour poursuivre une carrière universitaire. Une interruption de deux ans passés au National Institute of Mental Health me permit de m'instruire en politique de santé mentale et surtout de participer à l'expansion des services de santé mentale dans cette communauté, qui étaient en cours de développement alors, pour y inclure la santé mentale de l'enfant. À mon retour à Boston, le directeur de l'hôpital où j'avais fait ma formation me chargea de développer un programme de santé mentale infantile dans la communauté. Ce programme devait supplanter le programme traditionnel existant, bien considéré, mais d'orientation très psychanalytique, qui reposait sur un traitement au long cours. Dans la communauté, des programmes ayant d'autres visées furent établis, une consultation à l'école fut développée, des nurseries thérapeutiques furent créées. Tout fut conçu pour être basé dans la communauté et « traduire » la terminologie et les concepts de la psychiatrie de l'enfant dans un langage et des interventions acceptables par une plus large population. Nombreux furent ceux qui considérèrent ce programme comme un succès et le directeur lui apporta tout son soutien. Cependant, à titre personnel, je m'interrogeai sur mon identité, car j'avais dû formuler ce qui résultait de ma formation de psychiatre d'enfants dans un langage acceptable à un auditoire non professionnel, et mes idées étaient si souvent mises en question par des militants pour la communauté que j'étais fatigué de devoir défendre ce qui avait de la valeur à mes yeux. Je revins au Boston Children's Hospital où j'espérais pouvoir poursuivre recherche et pratique clinique d'une manière protégée en quelque sorte. Mais de nouveau je me trouvais confronté au besoin de mes collègues pédiatres de « descendre en flèche » ce que j'avais appris et continuais d'apprendre dans mes études psychanalytiques. Après plusieurs péripéties de mon avancée et de mes reculs sur lesquels je passe, je fus appelé à devenir le président d'un département comportant des programmes à la fois pour des enfants et pour des adultes. J'y fis l'expérience qu'il était plus facile de réduire le personnel en psychiatrie de l'enfant quand les budgets étaient serrés plutôt que de rogner sur d'autres programmes. Les conséquences étaient moindres en termes de politique de la psychiatrie.

Qu'est-il arrivé à la psychiatrie de l'enfant au cours des années ?

Je veux parler de l'orientation psychanalytique dominante des premiers psychiatres d'enfants (la majorité, mais non pas tous), engagés dans le secteur public ou le cadre hospitalier, qui se trouvèrent au défi d'être pertinents. La pratique privée était un point d'attache. Tandis que la psychiatrie de l'adulte s'engageait de plus en plus dans des recherches sur les maladies mentales graves et cherchait davantage les fondements biologiques, les psychiatres pour enfants, du moins au début, semblaient être à la traîne. Ensuite, la pédiatrie comportementale se développa pour répondre aux difficultés d'accès des psychiatres d'enfants et à la stigmatisation attachée au fait d'aller voir un « psy ». Du point de vue de la recherche, l'approche riche de cas uniques ou d'un ensemble de cas cliniques se métamorphosa en études de qualité relativement médiocre qui tentaient l'une après l'autre de mimer un « modèle scientifique ». La psychiatrie de l'enfant avait bien du mal à trouver sa voie.

En 2005, l'Organisation mondiale de la santé publia l'atlas, *Child and Adolescent Mental Health Services* (Belfer et Saxena, 2006). Ce document découle d'une enquête globale sur les services de santé mentale infantile, attirant l'attention sur leur triste état. Il montre l'absence d'une politique de santé mentale infantile, le besoin disproportionné de payer de sa poche les services dans les pays à niveau économique faible, les problèmes énormes pour avoir accès aux services et autres déficits en matière de soins. En 2011, Kieling et ses collègues (Kieling *et al.*, 2011) publièrent dans *The Lancet* un article donnant un aperçu de la recherche, des soins cliniques, de la politique et du financement. Il répondait en partie au manque d'attention porté sur la santé mentale infantile dans une série antérieure complète d'articles du *Lancet* sur la santé mentale. Une omission bien trop fréquente. Cet article souligne le potentiel de la psychiatrie de l'enfant et les secteurs où elle offre des connaissances fondamentales et la promesse de soins rationnels de qualité pour les enfants et les adolescents.

La littérature en psychiatrie de l'enfant, jusqu'à une époque très récente, n'incluait pas l'étude du développement et de l'éducation. Les pédiatres et d'autres publiaient sur des questions relevant de la santé mentale dans un large éventail de journaux et publications populaires. Le but était de développer des centres intégrant toutes les approches selon le modèle de Donald J. Cohen et ses collègues au Yale Child Study Center, mais on n'y est pas parvenu. La préoccupation majeure en psychiatrie de l'enfant est maintenant d'être « scientifique » selon les critères de la « médecine reposant sur des faits prouvés » (EBM, *evidence-based medicine*). Ce but est louable, car jusqu'à présent le niveau de preuve scientifique a été faible, aucune entité ne reposant sur un diagnostic d'imagerie par résonance magnétique fonctionnelle ou scanner. Les « faits prouvés » sont rares pour les interventions autour desquelles on fait le plus de bruit, y compris les traitements psychopharmacologiques. Notre nomenclature diagnostique demeure lamentablement

inadéquate avec trop de diagnostics fallacieux et une sura-
bondance de comorbidités.

Les psychiatres en formation négligent de lire la littérature du passé. Sans une perspective historique et la
connaissance de ce qui a précédé, les psychiatres d'aujourd'hui sont « voués à réinventer la roue ». Il est remarquable que tant de pionniers dans notre domaine soient
oubliés. Nous y perdons beaucoup en compréhension des
traditions et en moyens de penser les problèmes de santé
mentale des enfants et de leur famille.

Les tendances mondiales en personnel disponible
pour la psychiatrie de l'enfant ne sont pas rassurantes.
Au niveau international, le nombre des diplômés en médecine qui veulent choisir la psychiatrie est tombé approxi-
mativement de 10 % dans les années 1960 à 5 % pendant
la dernière décennie (Wiguna *et al.*, 2012). Il y a une proportion importante de femmes dans les facultés de médecine et une proportion encore plus importante dans les
programmes de psychiatrie de l'enfant et de l'adolescent
(Lempp *et al.*, 2012). Bien qu'il ne faille pas attribuer une
signification négative à l'accroissement de cette proportion
de femmes, celui-ci suggère que peut-être cette profession
est choisie par ceux qui cherchent plus de flexibilité dans
leur vie professionnelle et qui témoignent de moins d'intérêt pour la recherche et pour une carrière universitaire.
Cette tendance sape le développement de la profession et
la marginalise dans la communauté universitaire.

Pourquoi vivons-nous ce déclin de l'intérêt pour la psychiatrie de l'enfant ? Le travail est difficile. Travailler sur
les problèmes familiaux complexes sans moyens adéquats
demande un effort considérable et fait peser un lourd far-
deau émotionnel sur le psychiatre d'enfants et d'adolescents.
En outre, le statut médiocre et le salaire sans perspective

financière qui semblent être presque universels diminuent encore l'attrait de ce domaine. La perception que les succès thérapeutiques sont limités ajoute au découragement (Wiguna *et al.*, 2012 ; Lempp *et al.*, 2012). Très souvent mes collègues et d'autres personnes ont le sentiment que les psychiatres d'enfants ne sont pas de « vrais docteurs ». Nous sommes aussi stigmatisés que nos patients ! Ce dernier sentiment semble presque universel, là où les parents se sentent plus à l'aise de voir un psychologue ou un travailleur social parce que leur enfant n'est pas « fou » et qu'ils ne sont pas de « mauvais » parents. Nous sommes les médecins pour les fous et la profession qui identifia les parents comme la cause fondamentale de l'autisme il y a soixante-dix ans ! Peut-on nous pardonner nos péchés du passé ? Ce n'est pas de cette manière qu'on devrait nous percevoir.

Je pus mesurer à quel point cette spécialité a été marginalisée quand je travaillais à l'Organisation mondiale de la santé et participais à une délibération du Conseil de l'Europe sur un cas où l'on avait trouvé que la France avait violé la Charte sociale européenne en ne fournissant pas des soins appropriés pour des enfants autistes. La poursuite avait été intentée par Autisme Europe. Sans discuter le bien-fondé de l'affaire ou la politique qui avait conduit à la procédure, il était à la fois intéressant et démoralisant de voir comment la psychiatrie de l'enfant était diabolisée par ceux qui délibéraient sur les traitements appropriés. J'étais le seul psychiatre d'enfants présent durant ces délibérations et je n'étais présent qu'en tant qu'observateur de l'OMS. Il y avait un manque total de la reconnaissance de l'évolution de la psychiatrie de l'enfant à partir des modèles psychanalytiques rigides du passé.

Que peut-on faire pour améliorer le statut et la situation des psychiatres d'enfants et d'adolescents ? Comment notre formation et nos connaissances peuvent-elles être utilisées pour améliorer la condition des enfants et des familles ? En fait, ce n'est pas la même profession qu'au siècle dernier ! Une nouvelle génération de psychiatres d'enfants et d'adolescents est exposée à un nouveau monde : recherche génétique, biologie moléculaire, imagerie cérébrale et meilleure compréhension des médicaments psychoactifs. Cette connaissance couplée avec des initiatives de recherche offre l'espoir du développement d'une psychiatrie infanto-juvénile de haut niveau, aussi moderne et efficace que toute autre discipline médicale. Le défi est de conserver au psychiatre le rôle important et satisfaisant de clinicien et diagnosticien complet.

Dépendre d'algorithmes et de questionnaires nuira à la capacité des psychiatres d'enfants et d'adolescents à être considérés comme ceux qui sont capables de compréhension et d'implication dans les problèmes psychologiques/ émotionnels complexes des enfants et des adolescents, en tenant compte de l'environnement, de l'histoire passée, des facteurs de stress actuels et du cerveau.

Le besoin de psychiatrie de l'enfant et de l'adolescent n'a jamais été aussi grand. Les facteurs de stress bien documentés dans le monde liés à la réussite scolaire, aux bouleversements sociaux, aux déplacements, à l'exposition aux traumatismes rendent la pédopsychiatrie à la fois pertinente et essentielle. Des données épidémiologiques récentes renforcent encore l'argument en faveur de l'intervention précoce offerte par les psychiatres d'enfants et d'adolescents. Kessler *et al.* (2007) ont rapporté que plus de la moitié de tous les troubles mentaux adultes commencent avant l'âge de 14 ans. Heckman (2007), dans une analyse économique complexe, a montré que l'investissement dans les programmes de la petite enfance avait le plus haut taux de rendement pour le bien-être de la population.

Il y a des efforts de recherche passionnants qui soulignent l'importance de la compréhension de la psychiatrie de l'enfant. La recherche de Felton Earls, Maya Carlson *et al.* sur l'importance de renforcer l'initiative personnelle et de comprendre l'efficacité collective offre une nouvelle façon de penser la santé mentale des enfants et des adolescents et les interventions efficaces (Earls *et al.*, 2008 ; Carlson *et al.*, 2012).

L'Association internationale de psychiatrie de l'enfant et de l'adolescent et des professions associées reconnaissant la nécessité de diffuser des informations scientifiquement rigoureuses faisant autorité sur la santé mentale des enfants et des adolescents a produit un manuel électronique (e-book). Ce manuel édité par le professeur Joe Rey est disponible gratuitement en ligne à travers le monde entier :

http://iacapap.org/iacapap-textbook-of-child-and-adolescent-mental-health.

Cette initiative unique a déjà rendu accessible une information qui n'était auparavant pas disponible pour autant de lecteurs, et a marqué la volonté de notre profession de ne pas être insulaire.

Les systèmes de santé dans le monde entier évoluent vers des voies nouvelles. La psychiatrie de l'enfant doit adapter ses approches et sa participation pour s'assurer une place dans les nouveaux systèmes de soins. À coup sûr, il sera important de prendre part à la formation de ceux qui assurent les soins primaires dans ce nouvel ordre, mais sans rien céder, ce faisant, des possibilités passionnantes de la psychiatrie de l'enfant et de l'adolescent en train de devenir la spécialité qui, encore une fois, est considérée comme la ressource diagnostique complète pour des problèmes biologiques, sociaux et psychologiques complexes des enfants et des adolescents. S'engager dans le dialogue public sur les questions concernant les enfants et les adolescents dans le monde, participer à l'élaboration de la politique et rendre lisibles les aspects économiques de notre profession seront essentiels à la survie et l'entrée dans un nouvel âge d'or.

RÉFÉRENCES

Belfer M. L. et Saxena S. (2006), « WHO Child Atlas project », *The Lancet*, 367, p. 551-552.

Carlson M., Brennan R. T. et Earls F. (2012), « Enhancing adolescent self-efficacy and collective efficacy through public engagement around HIV/AIDS competence : A multilevel, cluster randomized-controlled trial », *Soc. Sci. Med.*, 75 (6), p. 1078-1087.

Earls F., Raviola G. J. et Carlson M. (2008), « Promoting child and adolescent mental health in the context of the HIV/AIDS pandemic with a focus on sub-Saharan Africa », *J. Child. Psychol. Psychiatry*, 49, p. 295-312.

Heckman J. J. (2007), « The economics, technology, and neuroscience of human capability formation », *Proc. Natl. Acad. Sci. USA*, 104, p. 13250-13255.

Kessler R. C., Angermeyer M. et Anthony J. C. (2007), « Lifetime prevalence and age-of-onset distributions of mental disorders in the World Health Organization's World Mental Health Survey Initiative », *World Psychiatry*, 6, p. 168-176.

Kieling C., Baker-Henningham H., Belfer M. *et al.* (2011), « Child and adolescent mental health worldwide : Evidence for action », *The Lancet*, 378, p. 1515-1525.

Lempp T., Neuhoff N., Renner T. *et al.* (2012), « Who wants to become a child psychiatrist ? Lessons for future recruitment strategies from a student survey at seven German medical schools », *Acad. Psychiatry*, 36 (3), p. 246-251.

Wiguna T., Yap K. S., Tan B. W. et Danaway J. (2012), « Factors related to choosing psychiatry as a future medical career among medical students at the Faculty of Medicine of the University of Indonesia », *East Asia Arch Psychiatry*, 22 (2), p. 57-61.

Liste des auteurs

François Ansermet, professeur à l'Université de Genève, chef de service, département de psychiatrie de l'enfant et de l'adolescent, Hôpitaux universitaires de Genève, Suisse.

Myron Belfer, président d'honneur de la IACAPAP[1], professeur de psychiatrie, Harvard Medical School & *senior associate in psychiatry*, Boston Children's Hospital, États-Unis.

Jillian Boon Sok Teng, *educational psychologist*, Response Early intervention and Assessment in Community Mental Health (REACH), Department of Child and Adolescent Psychiatry, Institute of Mental Health, Singapour.

Colette Chiland, président d'honneur de la IACAPAP ; professeur honoraire de l'université Paris-Descartes ; psychiatre honoraire du centre Alfred-Binet (Association de santé mentale du XIII⁰ arrondissement de Paris) ; membre honoraire de la Société psychanalytique de Paris, France.

Bruno Falissard, pédopsychiatre ; professeur de biostatistiques à la faculté de médecine Paris-Sud, France.

Daniel Fung Shuen Sheng, secrétaire général de la IACAPAP ; président du Medical Board, Institute of Mental Health,

---

1. IACAPAP : International Association for Child and Adolescent Psychiatry and Allied Professions, Association internationale de psychiatrie de l'enfant et de l'adolescent, et des professions associées.

Singapour ; *adjunct associate professor*, Duke-NUS Graduate Medical School & Yong Loo Lin Medical School, NUS, Singapour.

Jacques-Henri Guignard, docteur en psychologie au CNAHP (Centre national d'aide aux enfants et adolescents à haut potentiel), centre hospitalier Guillaume-Régnier, université Rennes-I, France.

Solenn Kermarrec, praticien hospitalier ; pédopsychiatre ; responsable clinique de l'équipe du CNAHP (Centre national d'aide aux enfants et adolescents à haut potentiel), centre hospitalier Guillaume-Régnier, université Rennes-I, France.

Pierre Magistretti, professeur de neurosciences, école polytechnique fédérale de Lausanne ; professeur de psychiatrie, Université de Lausanne et Université de Genève, Suisse.

Daniel Marcelli, professeur de psychiatrie de l'enfant et de l'adolescent à la faculté de médecine de Poitiers ; ancien chef de service et responsable de pôle au centre hospitalier de Poitiers, France.

Marie Rose Moro, professeure de psychiatrie de l'enfant et de l'adolescent, université Paris-Descartes ; chef du service de médecine et psychopathologie de l'adolescent, Maison des adolescents, hôpital Cochin, Paris ; chercheure unité Inserm 669, Paris, France.

Carol Newnham, PhD, *senior research fellow*, Parent-Infant Research Institute, Austin Health, Editor Premiepress, Readystepgrow: Proactive Pathways for Prems, Australie.

Olayinka Olusola Omigbodun, présidente de l'IACAPAP ; professeur de psychiatrie, Collège de médecine, Université d'Ibadan ; consultante en psychiatrie de l'enfant et de l'adolescent, University College Hospital, Ibadan, Nigeria.

Manuela Piazza, Center for Mind/Brain Sciences, University of Trento, Italy ; Inserm Cognitive Neuroimaging Unit, NeuroSpin Center, CEA Saclay, Gif-sur-Yvette, Italie et France.

Jean-Philippe Raynaud, vice-président de l'IACAPAP ; professeur de psychiatrie de l'enfant et de l'adolescent à l'université Toulouse-III ; chef du service universitaire de psychiatrie de l'enfant et de l'adolescent (SUPEA), hôpital La Grave, Toulouse, France.

Sylvie Tordjman, professeur de pédopsychiatrie à l'université Rennes-I ; chef du pôle hospitalo-universitaire de psychiatrie de l'enfant et de l'adolescent de Rennes, centre hospitalier Guillaume-Régnier, France.

Kenneth J. Zucker, professeur, clinical psychologist, Head, Child and Adolescent Gender Identity Clinic, Centre for Addiction and Mental Health, Clarke Division, Toronto, Ontario, Canada.

Table

Cet ouvrage a été transcodé et mis en pages
chez NORD COMPO (Villeneuve-d'Ascq)

Dépôt légal : juin 2014